RÉFLEXIONS

D'UN AGRICULTEUR

PRATICIEN

RÉFLEXIONS

D'UN

AGRICULTEUR

PRATICIEN

NIMES

IMPRIMERIE ROGER ET LAPORTE

place Saint-Paul, 5.

1875

PRÉFACE

Les difficultés que j'ai rencontrées dans le maniement de nos instruments de culture m'ont engagé à faire quelques essais pour les corriger ; mon intention se bornait à certaines modifications dans le but de diminuer la peine de ceux qui sont destinés à ces travaux.

Dès que j'ai été livré à ces études, je me suis aperçu du grand vide qui existait dans notre art, j'ai reconnu que nous étions bien plus ignorants que je ne l'avais supposé. Je me suis donc mis résolument à l'œuvre, persuadé que mes efforts me conduiraient à quelque découverte utile.

Soulager et instruire mes semblables est mon unique dessein. Si par mes recherches et mon application je parvenais à adoucir leur labeur, mes désirs seraient accomplis.

Voici le résultat de mes études ; je les place sous la bienveillance de mes collègues, les agriculteurs, mes juges compétents, et je m'incline devant leur décision.

On trouvera la même idée répétée plusieurs fois dans le courant de ce petit travail. J'ai cru devoir le faire, afin que l'on comprît bien que nous avons beaucoup à apprendre pour arriver à de bons résultats. J'ai insisté sur l'ignorance relative des agriculteurs, car personne n'en est plus convaincu que moi, les ayant vus et les voyant tous les jours à l'œuvre, et sachant, par expérience, combien il m'a fallu d'efforts et de persévérance pour me dégager de certains préjugés.

En terminant cette courte préface, je dois demander l'indulgence du lecteur pour les imperfections de langage qu'il rencontrera, le priant de se rappeler que ma main est plus accoutumée à conduire une charrue qu'à tenir une plume.

RÉFLEXIONS

D'UN

AGRICULTEUR

PRATICIEN

CHAPITRE Ier.

Dans tous les établissements industriels, principalement dans ceux qui sont dirigés par des chefs intelligents, on est à la recherche des innovations, dans l'intention de diminuer la peine, faire mieux, dépenser moins, et produire plus. Aussi, si un ouvrier supérieur parvient à faire quelque modification utile, tous les entrepreneurs qui confectionnent les mêmes produits, s'empressent-ils d'en prendre connaissance, de l'étudier et l'adoptent immédiatement s'ils y trouvent leur avantage.

On pourrait, avec juste raison ce me semble, accuser les agriculteurs de manquer de zèle pour toutes sortes d'innovations.

Il faut convenir que les agriculteurs, dépourvus pour la plupart d'instruction, sont chance-.lants, très longs à comprendre, parce qu'ils ne réfléchissent pas.

Nous sommes trop indifférents ; nous voyons, nous piétinons des labours qui valent cent fois mieux que ceux que nous faisons ; nous touchons les instruments qui les ont tracés ; mais notre intelligence est si peu en harmonie avec nos yeux que nous n'examinons pas même si les instruments qui ont perfectionné ces cultures ont quelque mérite ; cela ne nous réveille point ; nous restons assoupis et insouciants dans nos vieilles habitudes, ne nous occupant pas de ce que l'on appelle le progrès.

Malgré cette indifférence, un assez grand nombre ont la vanité de dire que nous faisons mieux, que nous avons surpassé nos pères, que l'agriculture est sortie de l'ornière, que nous nous débarrassons des préjugés ; qu'aujourd'hui l'on cherche à comprendre et que l'on exécute des travaux sur des principes adoptés après un mur examen.

Pour moi, je trouve que nous avançons bien lentement, trop lentement ; nous effleurons l'agriculture dans différentes théories, mais l'application n'existe nullement chez nous. Nous ne prenons pas la peine de nous rendre compte par nous-mêmes ; nous suivons par habitude et non par un raisonnement réfléchi. Car si l'on nous demandait qu'est-ce que cultiver ? un grand nombre répondraient que cultiver, c'est déchirer, rompre le sol.

C'est là une réponse que, seul, peut faire celui qui n'est pas initié aux nouveaux instruments.

Les premières entreprises de cultures furent faites avec des instruments grossiers ; les résultats furent proportionnés aux tentatives.

Il est probable aussi que les premiers qui ont essayé de remplacer le travail à bras par un instrument pour faire les cultures ont éprouvé des difficultés, et comme c'est la classe ignorante toute seule qui s'est occupée de cet art, nous ne savons encore que très peu de choses sur ce sujet.

La grossièreté de nos premiers instruments de labour a fait surgir beaucoup d'obstacles qui ont imprimé chez les agriculteurs l'idée que leurs travaux étaient rudes, et cela est si bien établi que l'on croit généralement qu'il n'y a pas de moyens à employer pour les rendre moins pénibles.

Les agriculteurs resteront dans la peine et ignorants tant qu'ils n'apprendront pas le mécanisme des instruments. Ils ne réfléchissent pas et refusent d'admettre des explications. Notre art est pénible, disent-ils, et ils ne savent rien au-delà.

Il est rare qu'un homme opulent s'occupe d'agriculture, qu'un riche propriétaire dirige avec application les travaux de ses propriétés ; généralement en France on estime peu le laboureur, quelquefois même on ne le considère pas comme un homme utile. Aussi les agriculteurs n'ont point de confiance dans les préceptes de ceux qui portent habit et qui raisonnent agriculture ; ils sont à cheval sur leurs préjugés et n'ont aucun espoir dans l'avenir ; ils prétendent que les cultures ne peuvent se pratiquer sans dépenser certaine force musculaire, et que celui qui peut en dépenser le plus est réputé pouvoir faire le mieux. Ils condamnent sans examiner, et voient dans leur imagination comme impossibles les procédés qui pourraient se produire par des moyens ingénieux ; pas un encore n'a fait travailler son intelligence.

L'habitude de ne pouvoir cultiver la terre sans avoir beaucoup de peine est tellement enracinée que l'on a fini par croire qu'il n'était pas possible d'y remédier ; ce qui confirme que celui qui fait un métier sans en connaître les principes a beaucoup de peine, fait très mal et produit peu.

Jusqu'à présent, il n'y a eu que des apprentis et point de professeurs pour enseigner. Les gens instruits n'étant pas intervenus, l'erreur s'est multipliée ; il s'est établi des préjugés qui ne seraient pas venus jusqu'à nous si les gouvernements avaient connu notre ignorance.

La charrue de M. de Dombasle a bien éclairé la question, et si l'on demandait maintenant à l'agriculteur qui sait s'en servir et qui la comprend : Qu'est-ce que cultiver? Voici, je pense, ce qu'il répondrait :

L'on entend par cultiver, fendre la terre par bandes, la scier au moyen d'un triangle, horizontalement et sur la paroi, et par un versoir bien contourné, la soulever adroitement et la renverser sans dessus dessous. Par le perfectionnement des instruments, on ne déchire plus la terre, on la scie, on la soulève et on la renverse.

L'agriculture fournit à la société ce qui lui est indispensable; elle vaut bien la peine que l'on s'en occupe et que l'on y apporte quelque soin (1). J'ai la certitude que si nos institutions y prêtaient leur appui, nos ressources augmenteraient considérablement; car il est bien positif que ce n'est pas le terrain qui nous manque; nous avons le superflu et il est suffisamment pourvu de richesse ; mais nous ne l'avons pas encore, par

(1) On m'a assuré qu'à Marseille l'on jetait chaque jour à la mer plus de soixante mètres cubes de balayures provenant de la ville ; c'est une grande perte pour l'agriculture, on devrait aviser au moyen de ne rien perdre. Je serais très heureux de voir le gouvernement s'occuper de pareilles questions.

notre application et nos recherches, enrichi des moyens de le faire produire.

En agriculture, rien n'arrive par hasard; c'est par le travail que l'on obtient les produits de la terre, la Providence, qui a tout perfectionné, a voulu que le succès fût la récompense de l'émulation et de la persévérance ; aussi, mes collègues, croyez bien que c'est à celui qui soignera le mieux son champ qu'elle distribuera ses fa-faveurs.

En mil huit cent quarante-huit l'Assemblée nationale manifesta l'intention d'encourager l'agriculture. On établit des fermes-écoles, des écoles régionales. Je suis peu à la portée de savoir ce que l'on fait dans ces écoles, mais le mot école me fait réfléchir, et je me demande s'il y a des livres qui peuvent enseigner l'agriculture comme les autres sciences.

Pour mon compte, je ne connais pas de livre propre à cet enseignement ; je crois que si quelqu'un pouvait en faire un qui enseignât les éléments de l'agriculture, il rendrait un grand service à la société.

J'ignore complétement ce que l'on fait dans ces écoles ; je ne crois pas que les multiplier soit un moyen avantageux. J'ai été témoin de beaucoup de charlatanisme chez des gens haut placés et à gros gages dans ce métier, qui n'était pas à leur portée ; ce qui me donne des doutes sur leur savoir faire.

Je sais que l'agriculture peut se pratiquer dans les classes en y joignant l'application sur le terrain ; mais la première et principale chose que l'on doive étudier, c'est la compréhension des instruments, afin de pouvoir les régler, les manier avec une connaissance approfondie.

Pour donner de telles leçons, il faut des praticiens habiles, ce qui est très rare.

Je doute que MM. les directeurs et autres employés de nos écoles soient des professeurs capables de transmettre à leurs élèves une science dont la plupart ignorent les premiers éléments.

Directeur, cela veut dire un personnage élevé en dignité, qu'aux mouvements du corps on reconnaît pour un homme poli, qui fait très bien un salut ; qui, par conséquent, ne doit toucher la charrue que du bout de sa canne ; il faut ajouter qu'il craint le froid, la chaleur ; à qui il faut un salon, une voiture pour parcourir les champs, des gants aux mains pour apprendre à ses élèves le maniement des instruments.

L'agriculteur sortant de cette fabrique se ferait, je pense, un scrupule de manier la charrue. Pour moi, je trouve qu'enseigner de cette façon, c'est du charlatanisme, de la hâblerie.

L'agriculture ne comporte pas tous ces frais ; elle ne peut pas prospérer avec de semblables procédés ; l'ordre et l'économie doivent y être inséparables et seuls en font la prospérité.

S'il y a une école dont les recettes ne soient

pas au-dessus des dépenses, il faut la supprimer immédiatement, car son organisation est mauvaise.

Cependant, si, contre la bonne volonté des hommes occupés à cette entreprise, des difficultés se rencontraient, on ne devrait pas pour cela en abandonner le projet.

Le décret de l'Assemblée nationale, qui annonçait l'établissement de plusieurs écoles d'agriculture, fut généralement bien accueilli par les gens des campagnes d'une part, qui, pour la première fois, se trouvèrent flattés que l'on pensât à eux, et aussi par les riches propriétaires, qui s'imaginèrent que tous les élèves qui en sortiraient seraient des régisseurs très capables, et qu'à l'avenir ils ne confieraient plus leur domaine à de simples paysans qui, pour la plupart, n'ont aucune notion de leur art.

Je vis avec plaisir ce décret. Dans le but de me rendre utile, je manifestai l'intention de prendre part à cette importante tentative, car, j'avoue que lorsque j'ai pu apprécier combien nous étions en retard, j'ai été honteux de notre ignorance, et je me suis dit : Si les soins nécessaires sont apportés à cet enseignement, si les hommes choisis pour développer la matière réunissent les qualités essentielles, on parviendra à de grandes améliorations.

Etablir des écoles à plusieurs milles de distance ne me semble pas convenable. Elles ne peuvent enseigner qu'à quarante élèves, dans une région où toute la population aurait besoin de s'instruire ; elles sont donc tout à fait insuffisantes.

Je me suis souvent demandé si quelqu'un s'est occupé d'enseigner l'agriculture aux autres,

Qui, parmi nous, est capable d'enseigner ?

Est-ce un bayle ? (1) Est-ce un agent d'affaires ? (2) Est-ce un propriétaire ?

Je ne connais pas de bayle assez instruit sur les travaux des champs et le maniement des instruments aratoires pour l'enseigner à ses valets ; un petit nombre en a quelques données superficielles.

Les agents d'affaires sont pour la plupart des individus ignorant complétement l'agriculture, et beaucoup de propriétaires qui les emploient n'exigent pas qu'ils s'en occupent. La direction des travaux est confiée aux bayles ; or, un bayle qui n'est pas dressé, comme celui qui ne sait pas dresser les domestiques qui lui sont confiés, n'est rien du tout. Il ressemble à un général qui ne connaîtrait pas le métier de soldat ; pourrait-il commander et être un bon capitaine ?

Je ne connais pas de domaine où l'on se soit occupé de faire de bons domestiques. Ceci est,

(1) Un bayle, c'est un chef domestique.

(2) Un agent d'affaires, c'est celui qui dirige une exploitation rurale.

je crois, une question nouvelle, dont tout chef d'exploitation devrait apprécier les conséquences, ainsi que la nécessité de connaître les instruments de labour ; voilà deux choses indispensables auxquelles pas un agriculteur n'a encore sérieusement pensé.

Des sociétés se sont créées dans chaque département, dans chaque arrondissement ; une quantité de leurs membres se dévouent et veulent se rendre utiles. Qu'ils améliorent donc le sort des valets de ferme ; c'est là une noble tâche, digne d'eux, et qui fera progresser sensiblement l'agriculture.

Si messieurs les grands propriétaires savaient que ceux qui manient la charrue depuis vingt ans ne la connaissent pas du tout, ils se méfieraient d'eux-mêmes, eux qui ne l'ont touchée que sous les hangars ; s'ils savaient combien peu il y a à faire pour en acquérir quelques données quand on est animé de bon vouloir, je suis convaincu que le plus douillet se prêterait bien volontiers à en étudier et expérimenter les règles.

Nul ne peut corriger les fautes d'un laboureur s'il ne connait le maniement des instruments ; il faut descendre jusqu'aux mancherons de la charrue pour savoir qu'en agriculture il n'y a pas plus de phénomènes qu'en mathématique.

Les agriculteurs appellent phénomène ce qu'ils ne comprennent pas, et ils l'ignorent parce qu'ils ne se sónt jamais donné aucune peine pour l'étudier.

Pensez-vous que celui qui inspecte des travaux agricoles assis dans un carrosse et ne met pas les pieds dans les guérets puisse faire un rapport exact et instructif?

On ne fera de l'agriculture savante et économique ; les opérations ne seront claires et intelligibles que lorsque les propriétaires et les bayles seront familiers avec les instruments, et qu'ils pourront dresser les domestiques comme on dresse les soldats.

Il y a un grand nombre de choses dont nous pensons avoir une entière connaissance, et dont nous n'avons que les premières notions. Je vais traiter cette question ; ensuite je parlerai de celles que nous ignorons totalement, quoiqu'elles nous soient très-utiles.

Tous les agriculteurs savent à quelle époque se sèment les céréales, comment il faut s'y prendre pour les mettre en terre ; ils savent aussi que le vrai temps de les couper, c'est quand les blés veulent passer du jaune au blanc ; mais il ne faut pas attendre qu'ils soient blancs, car alors ils perdent de leur valeur.

Nous avons besoin d'étudier notre terrain pour savoir quelles sont les plantes qui lui conviennent le mieux.

Ils savent à quelle époque on sème les luzernières, le sainfoin, les trèfles et enfin à peu près les plantes fourragères de toute espèce.

Ils savent également récolter les fourrages ; ils en connaissent les préparations ; ils n'ignorent pas qu'on doit, si on le peut, les préparer avec un vent du nord, car la dessiccation se fait mieux et plus promptement ; qu'il ne faut les enfermer que lorsque la dessiccation est complète. Pour les fourrages qui se récoltent à la fin d'avril, ou pendant le mois de mai, il ne faut les rentrer que dans l'après-dînée s'il ne fait pas de vent du nord, parce qu'à cette époque la terre est encore assez humide pour les détériorer ; on doit user des mêmes précautions pour ceux qui se récoltent à la fin de la saison.

Pendant l'été il arrive quelquefois que l'on attend une rosée pour les charger sur la voiture ; cependant il ne faut pas se fier à cela, et il convient de ne pas les laisser trop longtemps sur le pré ; on doit les enfermer dès qu'ils sont complètement secs , sinon ils se détériorent, perdent de qualité et de quantité.

Peu d'agriculteurs parmi nous ont entendu parler du foin brun. Ce ne peut être que l'opinion d'une personne qui s'occupe de fourrage dans sa chambre, je présume ; ici, aucune espèce de fourrage ne brunit, sans qu'il y soit amené par une fermentation, et la plus légère le décompose et en altère la qualité.

Ils savent engraisser les animaux, non pas

comme quelques messieurs les engraissent dans l'intention de gagner un prix coûte que coûte, mais comme doit le faire tout agriculteur économe ; c'est-à-dire qu'aux animaux à l'engrais, il faut donner à manger à des heures réglées, varier les aliments pour leur conserver l'appétit, et ne pas donner à un animal plus qu'il ne peut manger, car il se dégoûte.

Tous les agriculteurs savent que sans fumier, on ne peut faire de bonne agriculture, et que celui qui s'en sert le plus n'a jamais de mécompte sur ses récoltes ; aussi sont-ils tous très-disposés à en ramasser le plus possible.

Ils savent élever les troupeaux ; dans cette partie, les Arlésiens principalement sont très-habiles.

Le désir que j'ai de vous entretenir de ce que nous ne savons pas, et la nécessité qu'il y a de l'apprendre, me font passer peut-être un peu trop vite sur beaucoup de détails qui sont connus de tous ou qui, du moins, doivent l'être.

Quoique je convienne que nous sommes des ignorants, l'énumération de ce que nous ne savons pas sera bientôt faite ; tout est contenu dans les quatre lignes qui suivent :

Nous n'avons aucune connaissance des instruments d'agriculture, principalement de la charrue ; nous rencontrons beaucoup de difficultés dans la pratique, nous ne saurons les éviter que lorsque nous en connaîtrons la théorie.

Les progrès que l'on a faits depuis quelques années, dans la construction des instruments, sont immenses ; les agriculteurs ne pourront jouir de ces améliorations que lorsqu'ils en comprendront l'emmanchement, la théorie. Cette étude leur est indispensable.

Il arrive qu'un laboureur en maniant la charrue qui a vieilli entre ses mains, n'ayant reçu aucune instruction à ce sujet, est souvent dans l'embarras, il tâtonne, s'embrouille, ne s'aperçoit pas de ce qui l'entrave, ne sait pas trouver ce qu'il cherche. Un autre va à un champ éloigné avec un instrument dont il ne s'est pas servi depuis longtemps, ou qui vient d'être réparé, ou parfois avec un neuf ; arrivé sur le terrain des difficultés se présentent, il ne sait pas les vaincre ; il s'en retourne inquiet d'avoir perdu son temps sans avoir compris ce qui en était la cause.

Il faut ajouter que les laboureurs qui ont vingt ans d'expérience ne sont pas toujours capables de vaincre ces difficultés.

Un agriculteur sage doit être honteux de son ignorance, et il n'est pas convenable qu'il soit comme un étranger en présence d'une charrue. Cependant cela est ainsi, et quand il est dans l'embarras, il ne sait à qui il doit s'adresser pour s'instruire.

Lorsqu'on aura reconnu qu'il est indispensable que les agriculteurs possèdent les connaissances nécessaires pour parer aux inconvénients qui se présentent journellement, on aura fait un grand pas dans une voie qui, bien certainement, conduira au progrès.

La simplicité et la grossièreté de nos anciens instruments n'exigeaient pas une grande étude. Le premier venu en fabriquait de plus ou moins bons; on ne connaissait pas de principes pour construire; on n'en avait pas non plus pour la régularité des labours, chacun déchirait son terrain plus ou moins mal; pourvu que les sillons fussent bien alignés, toutes les conditions étaient remplies; il n'était pas question d'apprécier la bonté des labours, ni de faire disparaître les mauvaises herbes par des cultures énergiques; ce soin était laissé à certain phénomène.

Il faut sortir de cette vieille routine et apprendre aux agriculteurs ce qui doit les débarrasser de leurs entraves journalières, c'est-à-dire leur enseigner la théorie d'une charrue, moyen sûr de les rendre capables de reconnaître un instrument mal construit, mal ajusté, vicieux enfin.

Consultez-les, ils vous répondront tous que si l'on pouvait leur donner ces connaissances, on leur rendrait un grand service.

J'en appelle à tous les laboureurs; je suis

convaincu qu'ils avoueront leur ignorance et demanderont qu'on leur donne tous les moyens de soigner leurs instruments, afin de les empêcher de se déformer, ce qui diminuera considérablement leur peine et améliorera leurs travaux.

Dans un journal, qu'une obligeante personne eut la bonté de me communiquer, j'ai vu, dans un article relatif aux instruments fabriqués en Angleterre, que les constructeurs de ce pays avaient amené à Paris leurs laboureurs, dans l'intention, je suppose, de soutenir la réputation de leur charrue jusque dans les épreuves. S'ils ont poussé le zèle jusqu'à ce point, je les loue ; mais si ces laboureurs ont été appelés parce que les constructeurs ne savaient pas conduire leur charrue, leur haute réputation sur ce point serait un peu en défaut ; ils seraient aussi blâmables que nous ; car, il paraîtrait que la maladie des laboureurs d'ignorer la théorie des instruments existerait chez eux comme chez nous. On doit convenir qu'un constructeur de charrues qui ne sait pas faire fonctionner l'instrument qu'il fabrique est un ouvrier indifférent et qui n'est pas complètement capable.

Puisque je parle des Anglais, de cette nation qui a une si grande renommée, la première pour l'industrie, et dont on se plaît à raconter tant de merveilles, je vais en profiter pour lui demander encore quelque chose.

J'ai lu plusieurs fois chez nos journalistes des articles très-flatteurs en leur faveur, et s'il faut en croire aussi nos agronomes, nous sommes bien arriérés en agriculture comparativement à eux ; car on nous dit des choses admirables de leur supériorité. Tous ceux que j'entends parler de l'agriculture de ce pays conviennent que nous sommes restés à une bien longue distance derrière eux ; l'on va jusqu'à dire que leur système de grande agriculture donne des résultats plus lucratifs que ceux de leur petite.

Malgré le respect que l'on doit à leur savoir-faire, je n'accepte pas complètement cette décision. Je n'ai pas vu, je ne sais pas seulement si l'on y pratique la petite agriculture : je ne dois pas me fier aveuglément à tous ces rapports.

Voici mes observations et les raisons sur lesquelles j'ai fondé mon opinion : Si la grande agriculture en Angleterre est avancée, la petite doit faire des progrès en proportion. Est-ce que parmi nos riches agriculteurs il ne s'en trouverait pas un les égalant ? S'il n'y en a pas un exemple, il faut s'humilier ; j'ai de la peine à en convenir, mais s'il en était ainsi, nos grands terriens seraient bien blâmables.

N'ayant pas voyagé, j'ai peu vu, par conséquent j'ai peu appris ; je ne puis parler que des localités que je connais bien : je ne vois pas une seule de nos écoles d'agriculture, pas même un riche propriétaire qui fasse produire à la

terre autant que le petit cultivateur. Cette règle
est générale; il n'y a pas non plus une seule
grande exploitation en France qui enseigne à la
petite les méthodes les plus sûres, les plus
économiques pour augmenter la production.

Non, Messieurs, nulle part une grande propriété (celles que l'on fait valoir par des domestiques) ne produira autant que si elle était divisée
et entre les mains de ceux qui la cultivent de
leurs bras : pas un seul grand terrien dans nos
localités n'enseigne l'agriculture aux propriétaires de villages, pas même ceux que l'on honore
du grand prix dans les concours agricoles.

Cette apparition de laboureurs anglais à Paris,
me fit soupçonner que les constructeurs ne savaient pas conduire leur charrue et que les laboureurs n'étaient peut-être pas plus savants
que nous pour les régler. Cependant, je conviens
que la charrue anglaise devait être bien réglée
et bien ajustée puisqu'il était dit dans le rapport
fait par MM. les membres du jury qu'elle avait
parfaitement fonctionné, et qu'elle marchait
quelquefois plus de 10 mètres abandonnée à
elle-même, le laboureur ne la touchant presque
pas. Elle fut reconnue comme supérieure puisqu'on la décora du premier prix.

Il est vraisemblable que le constructeur et le
laboureur avaient fait, avec cette même charrue,
d'autres épreuves avant celles du concours.

Si leurs agriculteurs de haute réputation ne

connaissent pas la théorie des instruments de labour, je les invite à faire comme nous, à se mettre à l'étude ; car dans cet art, la théorie et la pratique sont des connaissances indispensables, et celui qui ne sait ni régler, ni se servir d'une charrue, ne peut ni dresser, ni reprendre un laboureur lorsqu'il fait mal. Or, qu'est-ce qu'un agriculteur qui n'est pas à même seulement de corriger les fautes qu'un simple valet commet en sa présence ?

Il est à croire que les choses se passent autrement en Angleterre que chez nous. Ceux qui dirigent les grandes exploitations agricoles savent peut-être labourer. En France, il n'en est pas ainsi : les agriculteurs en grande réputation se garderaient bien de l'apprendre. Ceux qui appartiennent à cette catégorie prétendent que cela n'est pas nécessaire, mais les agriculteurs praticiens qui savent labourer ne sont pas de leur avis. Ces derniers assurent que celui qui dirige une exploitation agricole sans savoir labourer est dans une position stationnaire, parce qu'il ignore les moyens qui peuvent le faire avancer dans le perfectionnement des cultures, qui conduisent à l'économie et à la réussite. Et comment peut-il corriger les maladroits ? Peut-il leur apprendre les premiers principes de leur art ? me disait un jour un ami expérimenté. C'est absolument comme quelqu'un qui voudrait lire sans connaître l'alphabet.

Mais vous, messieurs les agriculteurs, qui êtes puissants, faites des efforts et demandez avec instance une école d'agriculture dans laquelle on enseignerait l'A, B, C de cet art, c'est-à-dire la théorie et la pratique des charrues. C'est par là qu'il faut commencer, parce que c'est là le nœud de nos difficultés, de nos entraves.

Une école qui formerait des élèves capables de venir nous apprendre à régler, à manier, à démontrer les vices de construction des instruments ferait un grand bien à l'agriculture. Faites des tentatives, mes collègues, jusqu'à ce que vous ayez obtenu ce que je réclame pour vous. Dès que vous saurez cela, vos peines seront diminuées. Je souhaite que quelques honnêtes agriculteurs aussi zélés que moi, mais plus considérables et plus accrédités fassent réussir ce projet. J'ai la certitude que pour créer une semblable école, on dépenserait peu, et l'on formerait dans peu temps un élève pour chaque département; cet élève complètement instruit dans notre art, deviendrait professeur en sortant de l'école.

Si dans chaque département on avait un tel professeur, sous la direction de l'autorité supérieure qui l'utiliserait à visiter toutes les communes, en fort peu de temps cette instruction si utile qui doit soulager tous ceux qui labourent avec peine serait faite, et elle obtiendrait toute l'impulsion nécessaire pour que les pères pussent la transmettre à leurs enfants (1).

Chaque département aurait des charrues de toutes les dimensions et des meilleurs modèles, à la disposition du professeur. Ce serait avec ces instruments qu'il donnerait ses leçons.

Dans la commune que le professeur devrait aller visiter, M. le maire, informé en temps utile, ferait rechercher tous les instruments vicieux, (2) afin de les présenter au professeur qui expérimenterait publiquement, en présence des agriculteurs, démontrerait les vices de construction. Ces instruments seraient immédiatement corrigés sous la direction du professeur qui ne quitterait pas le pays sans les faire fonctionner à nouveau, afin de constater que la réparation a été bien exécutée.

La séance serait publique, sur un champ

(1) Dépenser de l'argent pour nous apprendre à labourer, c'est du temps perdu ; nous savons le faire quand notre charrue est en bon ordre, mais apprenez-nous la théorie des instruments si vous voulez nous aider.

Si je fais cette demande, c'est que je la crois utile ; j'ignore si les élèves qui sortent des écoles d'agriculture sont habiles, je sais qu'ils gardent tout pour eux et ne nous communiquent rien.

(2) Quelles que soient la forme et la matière dont on s'est servi pour construire une charrue, qu'elle soit en bois, en fer ou en fonte, les lignes que la science et les épreuves ont constatées sont générales et applicables à toutes les charrues.

d'épreuves ; M. le professeur commencerait par les explications théoriques ; il les ratifierait par la pratique, les mancherons en mains.

Les jours de la semaine seraient utilisés pour donner leçon dans les grands domaines, où l'on réclamerait ses services ; on choisirait un jour convenable pour faire la leçon dans les villes, en faveur des gens qui s'intéressent à l'humanité, au bien public.

Insensiblement cet art se dégagerait des préjugés, des obstacles qui l'arrêtent, et l'instruction l'élèverait à la hauteur et à la dignité qui doivent être son apanage. L'agriculture deviendrait une science honorable, les grands terriens, les riches propriétaires ne croiraient plus descendre en s'approchant des laboureurs ; ils se feraient un devoir et un plaisir d'assister aux séances, et dans fort peu de temps les difficultés seraient vaincues par des connaissances solides et exemptes de prévention.

J'ai fréquenté assez les agriculteurs pour avoir acquis une parfaite connaissance de leurs plus grands besoins, c'est pourquoi je réitère ma demande, et je désire que l'on veuille bien considérer ceci comme l'avis d'un agriculteur qui s'intéresse beaucoup à la prospérité de cet art, et à l'allègement des fatigues de ceux qui y sont destinés.

Il ne faut pas vouloir enseigner aux agriculteurs ce qu'ils savent ; il est bien plus utile de chercher à les instruire de ce qu'ils ignorent et qui leur est nécessaire.

Je conviens que depuis quelques années des progrès immenses se sont faits dans la construction des instruments, principalement des charrues, mais il ne suffit pas de posséder des instruments perfectionnés pour en obtenir tous les avantages. L'ouvrier chez qui on les porte pour les réparer, les déforme souvent et les difficultés recommencent. Aussi est-il d'une grande importance de faire cesser cet état de choses. Si l'on compte sur les prévenances de l'ouvrier pour vous aider à vaincre ces difficultés, la maladie sera longue. Il n'a pas besoin de s'instruire, ses sottises lui sont payées.

Dans l'armée, tous les soldats qui savent très-bien manier les armes, ne sont pas pour cela aptes à commander. Pour arriver à la dignité de chef, il faut de l'intelligence, des connaissances, posséder ce que l'on appelle l'étoffe d'un homme d'ordre et de génie, avoir des idées qui embrassent plusieurs choses à la fois, et les disposer de manière à les faire exécuter l'une après l'autre en temps opportun.

De même tous les agriculteurs ne réunissent pas les qualités requises pour être régisseur. Car, pour cela, il faut non-seulement connaître les instruments, savoir bien labourer, mais aussi posséder les qualités que je viens d'indiquer, c'est-à-dire celles qui ne se transmettent pas :

savoir employer utilement le temps de tous ceux que l'on a sous sa direction, prévoir tout ce que l'on aura à faire pendant le courant de l'année, afin d'être toujours prêt pour l'éxécution de chaque chose quand le moment arrive ; de plus, être administrateur et connaître l'art d'enseigner.

Voilà bien des choses qui ne s'apprennent pas, parce qu'elles ne sont pas transmissibles, elles sont naturelles chez quelques personnes privilégiées (1).

Ainsi, il est urgent, en premier lieu, de faire de bons laboureurs qui comprennent parfaitement la théorie des charrues, qui soient capables de mettre en ordre celles qui ne le sont pas ; les plus intelligents deviendront des régisseurs habiles, parce qu'ayant passé par tous les grades, ils n'ignorent rien de ce qui a rapport à ce mandat : de cette façon, l'instruction sera plus solide que celle venant d'un régisseur qui ne saurait pas labourer, ou d'un bayle qui n'aurait fait aucun apprentissage. Combien y en a-t-il qui, pour se mettre à la mode, prennent, avec un peu de vanité, la qualification modeste d'agriculteur, et qui, en réalité, ne sont que de riches propriétaires.

(1) Il ne suffit pas d'être instruit pour être bon administrateur ; le bon sens dans toutes les affaires d'administration l'emporte sur l'instruction.

Combien de régisseurs ignorent ce que je viens de dire. S'ils le savaient, tout n'irait-il pas mieux ? N'est-ce pas un vice qui tient de l'igno-rance, de la paresse, ou de nos vieilles coutu-mes. Pourquoi continuer de la sorte ; il convient, ce me semble, dans l'intérêt général des agri-culteurs, de faire disparaître le plus prompte-ment possible toutes ces entraves.

Dans quelle science, dans quel art, dans quelle industrie rencontre-t-on un chef incapable de fournir des explications à ses subordonnés.

Soyons de bonne foi, reconnaissons notre ignorance ; ceux qui auront le bon goût d'en convenir réfléchiront, je l'espère, sur les pro-positions que j'indique ; s'ils les mettent en pratique, ils se débarrasseront bien vite de leurs préjugés. J'ai la ferme persuasion que non seu-lement tous nos instruments peuvent s'amélio-rer, mais que nous devons en inventer d'autres qui faciliteront nos cultures ; j'ai essayé quel-ques tentatives et je continuerai tant que ma faible machine me le permettra.

Agriculteurs, apprenez à vos domestiques la théorie des charrues ; il ne peut vous en reve-nir que du bien. Il ne faut pas une longue étude. Un bayle qui serait capable pourrait dans moins d'un mois dresser tous les domestiques de son exploitation, quel qu'en soit le nombre. Dès qu'ils comprendront que vous les avez soulagés, en leur indiquant les moyens de surmonter les difficultés journalières, ils n'oublieront plus que quand ils labourent avec un instrument bien soigné, les labours sont faciles ; tandis qu'avec une charrue en désordre, déformée, leurs peines deviennent quelquefois dures.

Lorsque les laboureurs seront instruits des moyens de prévenir ces obstacles, ils deviendront plus soigneux, puisque la balance de leur peine sera déterminée par la régularité de leur soin.

Mes propositions ont pour résultat de soulager les laboureurs, elles seront avantageuses aux propriétaires, puisque les instruments étant mieux soignés dureront plus longtemps, les labours seront plus énergiques, par conséquent plus productifs.

J'ai la certitude que les agriculteurs conviendront tous que s'ils connaissaient parfaitement la théorie des charrues, s'ils étaient dans le cas d'en expliquer les vices de construction quand elles sont mal ajustées, les moyens à employer pour les faire marcher d'aplomb, les faire couper régulièrement, les précautions dont il faut user pour qu'elles fonctionnent sans tâtonner, et enfin s'ils étaient capables de corriger tout instrument vicieux, les travaux agricoles seraient mieux faits et, partant, productifs.

Ils vous répondront tous que ces connaissances n'existent pas, qu'elles manquent aux agriculteurs ; et ils sont tellement imbus de ce préjugé qu'ils ne croient pas que cela puisse s'apprendre. Pour tout le reste, ils peuvent entre eux se le communiquer ; c'est donc vraiment leur rendre service que de le leur démontrer.

Viendra une époque où il n'y aura qu'une seule charrue pour toutes les localités ; c'est-à-dire qu'il y aura des instruments de toutes les dimensions selon le nombre de bêtes que l'on aura à y mettre, du plus petit au plus grand modèle ; mais je veux dire que l'instrument qui sera bon à Londres, le sera également à Paris, à Moscou, en Languedoc, en Provence, etc., etc. Il en sera de même des cultures ; chacun se débarrassera de la vieille routine ; les expériences auront appris aux agriculteurs de bon sens que les cultures sont des préparations qui disposent la terre à fortifier les plantes et les semailles qu'on y a déposées ; que celui qui les multiplie récolte davantage. Comme celui qui pratique des labours profonds a aussi une préparation meilleure, ayant une plus grande quantité de terre cultivée, sa somme de préparation est plus considérable.

Ce que je viens de dire est hors de doute.

Jamais je n'ai fait d'autre métier que celui d'agriculteur, tant pour moi que pour autrui. Je suis arrivé jusqu'à l'âge de trente-cinq ans environ en travaillant machinalement comme mes collègues, et sans me demander si l'on pouvait mieux faire. A cet âge, je commençai à remarquer que pas un agriculteur n'était d'accord sur aucun point ; qu'il n'y avait pas de principes généraux d'adoptés ; qu'il fallait suivre ce que l'on avait vu faire à ses parents ; que ces coutumes se transmettaient de père en fils ; que chaque famille croyait avoir acquis une expérience suffisante dans sa localité, et pour toute preuve on disait que cela se pratiquait ainsi depuis bien longtemps. La prudence voulait que l'on s'en tînt là.

Lorsque j'eus un peu réfléchi, je compris que ce que faisaient les agriculteurs, c'était plutôt par habitude que par des raisonnements étudiés; mon imagination se farcit de doutes, d'incertitudes qui me disposèrent à quelques expériences, que je fis secrètement pour ne pas encourir le blâme de mes voisins.

Je ne restai pas longtemps à comprendre que les agriculteurs n'étaient pas encore arrivés à faire de l'agriculture un métier soumis à des règles appuyées sur des preuves convaincantes, que chacun, sans avoir été à l'école, déchirait son champ comme il l'entendait, avec l'instrument de ses pères, auquel il ne fallait rien changer, pas un ne s'occupant de savoir si son voisin avait tort ou raison de faire différemment que lui.

Si on demandait des explications, on vous répondait que c'était le grand-père qui avait prescrit cela, et il était sous-entendu, pour en augmenter le crédit, que ce grand-père le tenait aussi de son grand-père ; qu'il n'y avait rien de mieux à faire que de suivre ces instructions.

Il n'était même pas prudent de douter ; le mieux était d'approuver sans rien dire, si on ne voulait pas paraître ridicule.

Je dois dire que je n'adopte rien sans m'être bien rendu compte et que, par conséquent, je ne pouvais pas me contenter de ces chimères : j'en faisais en particulier mon profit et je continuais petit à petit à suivre mes expériences dans l'intention de sortir de cet obscurcissement et d'éclaircir mes doutes.

Pendant que je me livrais à ces recherches, la charrue de M. de Dombasle fit son apparition.

La première fois que je la vis fonctionner, j'en fus émerveillé ; je fus frappé des avantages que cet instrument avait sur les nôtres. Les agriculteurs de réputation (mais avancés dans l'âge) la blâmaient beaucoup, tout bonnement parce qu'elle leur prouvait qu'ils ne savaient rien faire.

Pour mon propre compte, convaincu de son mérite, je m'occupais de la comprendre, et à la suite de plusieurs épreuves soigneusement suivies, je reconnus que nous n'avions aucune connaissance des instruments et que nous savions très peu en agriculture. Mes perquisitions me mirent bientôt en état de posséder quelques notions agricoles au-dessus du vulgaire, et à la suite d'études un peu plus approfondies je compris que j'étais un ignorant ; que les agriculteurs en général n'en savaient pas plus que moi, et que les constructeurs, maréchaux, charrons, etc., à qui était confié le soin de nos instruments n'y comprenaient rien du tout.

Persuadé que j'avais été nourri d'idées toutes routinières, je redoublai d'attention pour m'en débarrasser ; je fis de nouvelles expériences pour me fixer sur des principes intelligibles. Quand je fus arrivé à entrevoir ce que je cherchais, je me hasardais par fois (dans l'intention de faire sortir cette science des ténèbres) à démontrer en public le degré d'ignorance où nous étions. Il fallait user de certaines précautions dans la manière de s'exprimer, afin de ne pas s'exposer aux sarcasmes des agriculteurs orgueilleux.

Mes recherches me firent voir clairement que nous manquions totalement de savoir. Je nourrissais l'espoir qu'en suivant mon projet je parviendrais à me rendre utile : mais je reconnus qu'une semblable entreprise ne serait pas accomplie si je n'arrivais à me rendre famillier avec les instruments, à en connaître la théorie.

Tout plein de mon projet, et afin de développer ce germe de mes occupations, j'en poursuivais attentivement tous les détails, avec le plus grand zèle et aussi par nécessité. J'appuie sur ce dernier mot, car comme il n'y avait pas longtemps que je m'étais trouvé dans l'adversité, obligé de compter sur mon intelligence pour me procurer le nécessaire, n'ayant point d'état, une position malaisée, voyant un vide dans une partie aussi essentielle, l'espoir de faire quelque bien s'empara de moi et me poussa dans cette voie.

J'avais déjà compris la faiblesse et le peu de goût de nos ouvriers ; j'y avais assez réfléchi et j'étais certain que mon intelligence me fournirait les moyens nécessaires de parvenir, par le travail, à me faire un métier qui me rendrait indépendant et m'assurerait des ressources pour l'avenir.

Avec l'aide de Dieu et de la bonne volonté cela s'est réalisé ; me voilà maintenant fabricant d'instruments aratoires, reconnu par l'autorité, puisque je paye une patente. (1) Je con-

(1) On me fait supporter une patente de charron ; jamais je n'ai été capable d'être charron ; c'est une erreur : je ne suis qu'un apprenti laboureur.

M'étant aperçu, dans mes expériences, que nos instruments de labours pouvaient et devaient subir certaines modifications, je me mis à l'œuvre. On me voyait alors maniant une hache ou un rabot pour changer la forme d'une pièce de bois ; quelquefois, je profitais du moment où les ouvriers maréchaux prenaient leur repas pour travailler une pièce de fer. Je faisais ces tentatives avec de faibles ressources, n'ayant pas même l'argent nécessaire pour m'outiller.

Lorsque j'eus fait quelques progrès, des amis me confièrent le soin de leurs charrues. Dès lors je fus *patenté*. L'on ne savait trop comment il fallait me qualifier : maréchal ou charron. Aussi quand je reçus ma feuille de patente je la jetai dans un coin de mon bureau.

viens pourtant qu'une feuille de patente n'est pas un titre suffisant pour confirmer la capacité.

Eh quoi, me disais-je, je ne suis pas encore dédommagé des avances que j'ai faites et l'on m'impose ; voilà un singulier encouragement !

Sans s'inquiéter si je gagne assez pour vivre, l'on me classe parmi les gens qui doivent payer à l'Etat ! M. le percepteur doit avoir un intérêt quelconque à faire cela. Est-ce pour augmenter ses émoluments ou bien pour monter en grade ? Je ne sais. L'un et l'autre, peut-être.

Infliger un impôt à celui qui a besoin de travailler ou qui exerce une profession utile à la société est, selon moi, une injustice.

Dans nos villages, un père de famille, qui n'a pas de fortune, s'il a un enfant infirme qui ne puisse supporter les travaux des champs, le destine à être cordonnier ou tailleur, si c'est un garçon ; couturière ou modiste, si c'est une fille. Dès qu'on lui voit une rognure devant sa porte, sans s'informer s'il subvient à ses besoins, on l'impose immédiatement.

Il en est de même pour un pauvre diable qui a l'idée de professer un métier quelconque, et toujours sans s'occuper de savoir s'il a réussi ou non.

Nos législateurs devraient examiner, avec le plus grand soin, tout ce qui concerne la *patente*. Elle ne pèse que sur l'industrie ; pourquoi ne pas chercher à l'alléger le plus possible ? Il faut que l'Etat ait des ressources, je le comprends ; mais ses revenus doivent être bien utilisés ; s'il en est autrement, nous payons plus cher et nous sommes plus mal servis ; nous venons d'en faire une triste expérience.

Toutes les branches de l'administration devraient, comme les arbres, être échenillées. On ne devrait pas voir des employés gorgés d'or pour ne rien faire, et cela au détriment du travailleur. Enfin il faudrait que la plus stricte économie régnât dans les finances.

L'Etat accorde à ses employés une rente ou une pension de retraite quand ils sont arrivés à un certain âge. Beaucoup d'entre eux avaient de gros appointements ; en vivant sagement ils auraient pu s'assurer, pour leur vieillesse, un bien-être relatif. D'autres avaient des traitements très-élevés ; ils auraient donc pu faire de grandes économies, et c'est cependant à ceux-là que

**La suite nous apprendra si la peine que je me
suis donnée a été inutile.**

l'on accorde les plus grandes récompenses quand ils se
retirent. Dans plusieurs corporations, des sociétés se
sont créées dans le but de venir en aide aux vieillards
et aux infirmes usés par le travail. Rien de tel n'existe
pour le laboureur; et pourtant est-il un homme plus
utile que lui ? N'est-ce pas lui qui, par son travail, fait
produire à la terre de quoi nous nourrir et nous vêtir ?
Y a-t-il un homme plus nécessaire à la société ? Pourquoi donc ne chercherait-on pas le moyen de lui assurer
une vieillesse calme et paisible ? Il l'a, certes, mieux
méritée que la plupart de vos pensionnés.

La législation qui, de toutes les sciences est la plus
utile, ne doit-elle pas se perfectionner ?

Vouloir cacher les fautes de l'administration, c'est
s'opposer aux progrès de la législation, et, par conséquent, au bonheur de l'humanité.

Tout employé de l'Etat doit recevoir pour vivre hono-
rablement, mais non le superflu.

Ce n'est pas toujours le mérite de l'individu que l'on
récompense ; c'est, le plus souvent, un privilégié ignorant dont on fait choix pour remplir un emploi grasse-
ment payé.

Aux temps où les peuples étaient la propriété d'un
individu, d'une famille, le chef donnait ce qu'il voulait
et à qui il voulait, et l'on croyait qu'il donnait de son
patrimoine. Il n'en est plus de même aujourd'hui, et
ces temps ne reviendront plus, du moins je l'espère.

Je ne puis m'empêcher de dire que nos lois ne sont
pas très-équitables. Une grande partie d'entre elles a
été établie par la force et la terreur ; l'humanité et la
raison n'ont point participé à leur confection ; il faudrait
donc les modifier en prenant pour guides les besoins et
les aspirations de la société actuelle.

J'aurais beaucoup à dire sur ce sujet, dans lequel je
me suis laissé entraîner. C'est au-dessus de mes forces ; il
convient donc que je m'arrête. Peut-être aurais-je dû le
faire plus tôt, car dans des mains calleuses comme les
miennes, la plume ne tourne pas avec facilité. Retour-
nons vite à l'agriculture, aux charrues, et, en tâtonnant,
cherchons la vérité.

Je crois que les agriculteurs devraient se réunir souvent, se concerter, se conseiller mutuellement, afin de poser et connaître les bases essentielles à la construction des bons instruments de labour.

Nous savons tous qu'une charrue de forme haute, c'est-à-dire élevée sur le sol, au moindre choc s'ébranle ; elle a moins de solidité que celle qui est plus près de terre. Ou bien, ce qui sera mieux compris par les agriculteurs de nos localités, un arraire terrassier est plus solide que celui qui est cavalier. Il en est de même des charrues ainsi que de tous les instruments de labour. Or il faut que nous établissions nos charrues à la hauteur qui a été confirmée par des expériences réitérées.

Plus une charrue a de hauteur à l'avant-corps, plus elle chancelle quand elle fonctionne ; plus elle est près de terre plus elle a de solidité ; je conviens que trop basse elle s'engorgerait.

Les domestiques, dans l'intention de blâmer les nouveaux instruments, se plaignent souvent que leur charrue s'engorge ; cela arrive quand on couvre un champ de gros fumier, ou lorsqu'il est bien garni d'éteules qui ont été mouillées.

J'ai dit d'ailleurs que les domestiques ne sont pas des agriculteurs, et si l'on s'en rapporte à eux il ne se rencontrera rien de bon, parce qu'ils sont incapables d'apprécier.

Je vous demande s'il est possible qu'une charrue ne s'engorge, quelle que soit sa forme, lorsque les cas que je viens d'indiquer se présentent ; mais ces obstacles sont-ils bien difficiles à surmonter ? Non certainement. Il faut que celui qui conduit les animaux ait un bâton d'environ un mètre cinquante de longueur et que de temps en temps il enlève avec le bâton ce qui s'arrête soit au coutre, ou à l'avant-corps de la charrue. Cette opération doit se faire sans interrompre la marche des animaux ; elle n'exige pas beaucoup de peine. Le domestique qui s'en plaint est un paresseux qui n'est bon qu'à faire des observations. Sa plainte n'est pas mieux fondée que si un clerc de notaire jetait sa plume et se refusait de continuer à écrire parce que le bec se serait obstrué en la plongeant dans l'encrier.

CHAPITRE II

Il existe toute sorte de facilités et de moyens pour étudier les arts, et ceux qui veulent apprendre n'ont que l'embarras du choix. L'agriculture, quoiqu'un art très ancien, fait exception à cette

règle ; elle est totalement privée de ces avantages. Personne ne peut dire : je vais chez un tel
m'initier aux travaux des champs. Je ne connais
pas non plus d'établissement où on les enseigne ;
les méthodes raisonnées et obtenues à la suite
de plusieurs expériences sont inconnues : chacun se livre machinalement à son impulsion ;
pas un agriculteur n'est suffisamment instruit
pour former un élève. Enfin on ne croit pas qu'il
soit utile de faire des études spéciales pour connaître cet art. A mon avis, le temps que l'on
emploierait à faire des tentatives pour sortir de
cette grossière ignorance ne serait pas perdu,
bien au contraire.

Voilà pourquoi, mes amis, les leçons d'agriculture, pas plus que celles du maniement des
instruments, ne peuvent être définies exclusive-
ment par la théorie ; il faut plus que cela : car
l'étude théorique qui n'est pas suivie de démons-
trations que l'on peut voir, que l'on peut toucher,
n'est, pour ceux qui la possèdent, qu'une science
factice qui ne leur apprend rien.

Le besoin a créé l'agriculture, la nécessité de
pourvoir à ce besoin en a fait un art qui existe
depuis bien longtemps. Ceux qui savent réfléchir
et qui sont un peu versés dans cet art doivent
être étonnés qu'étant si vieux et si utile
(puisque c'est celui qui fournit à tout le genre
humain les ressources dont nul ne peut se
passer), il ne soit pas encore pourvu de prati-

ques plus claires : ce n'est que depuis peu qu'on l'étudie, qu'on le pousse en avant et que l'on cherche à bien le connaître.

Il est probable que si nos administrateurs s'étaient aperçus de notre ignorance, ils auraient fait, j'en suis certain, des sacrifices proportionnés à l'importance de son utilité.

On n'a pas considéré les agriculteurs comme des ouvriers occupés à une science absolument nécessaire ; les riches, les gens instruits ne s'en sont pas approchés et on ne considère pas encore comme un besoin l'étude de leur art.

Il est vrai que ceux qui gouvernent les sociétés ont beaucoup à faire ; malgré le désir et la bonne volonté qu'ils ont pour faire le bien, il ne leur est pas possible de tout perfectionner ; leurs occupations multiples sont souvent cause qu'ils oublient ceux qui ne les approchent pas. L'agriculture n'est pas à leur portée ; ils ne sont pas non plus assez bien informés pour savoir ce qui lui manque ; il est certain qu'une chose aussi essentielle ne resterait pas négligée, qu'elle attirerait leur attention, s'ils savaient combien nous sommes peu capables.

Si l'agriculture est demeurée aussi longtemps stationnaire, dans l'enfance, pour ainsi dire, c'est qu'elle a été, sans interruption, entre les mains des ignorants ; ses usages ont peu changé, et celui qui travaille aux champs, laboure la terre, est un être à part, évité et presque méprisé par ceux qui pourraient et devraient l'instruire.

Depuis peu, quelques riches propriétaires (à mon avis hommes de mérite) sont assez modestes pour supporter qu'on les qualifie d'agriculteurs ; je me plais à dire que la manifestation de ces excellentes personnes a, en grande partie, contribué aux progrès que nous avons faits. Si le nombre de ces bonnes gens grandit, comme il y a lieu de l'espérer, l'agriculture fera son chemin dans des conditions plus avantageuses ; les agriculteurs arriveront dans la société à la place qui leur revient, c'est-à-dire au rang des hommes utiles.

Depuis longtemps j'ai été dans la nécessité de manier les instruments d'agriculture : lorsque j'ai éprouvé des difficultés, ce qui m'est arrivé souvent, j'ai cru d'abord, en m'adressant à nos pères, trouver chez eux les moyens de les surmonter. J'ai été bien surpris, ils n'ont rien pu m'apprendre, ne sachant rien eux-mêmes.

Je fus bien étonné : ne rien savoir et être entouré d'une ignorance générale dans un art qui est presque aussi vieux que le monde ; cette position critique, ne sachant à qui m'adresser pour recueillir quelques renseignements afin de me corriger, m'inquiéta.

Contrarié par ces difficultés et désireux d'éclaircir mes doutes, je me livrai (comme dans toutes les choses qui sont à la portée de mon intelligence), à l'étude, et je tâchai de vaincre ces obstacles.

La peine, les embarras, les inquiétudes dont les laboureurs se plaignent sans cesse ne peuvent être l'apanage que de l'homme totalement privé de facultés intellectuelles et ne pouvant faire aucun usage de la raison, ou chez l'agriculteur indifférent, comme un valet, un bayle, un agent d'affaires.

Un agent d'affaires à qui l'on demanderait des explications sur les instruments de labour se croirait offensé ; il vous répondrait peut-être que c'est une question qu'il faut adresser à la valetaille. Un bayle vous répondrait que cela ne le regarde pas ; un valet ne vous répondrait rien. Mais toi, André, qui as des idées raisonnables et qui est la partie la plus intéressée parce que tu cultives tes champs de tes propres mains, il te convient sous tous les rapports d'organiser tes travaux sur des principes raisonnés, car ce sont les seuls moyens, non seulement de te mettre dans le cas de surmonter tes embarras, mais aussi de te conduire graduellement à une économie bien entendue ; ce qui ne peut arriver que par l'amélioration de tes instruments. Et sache bien que tu ne peux les améliorer, n'avoir du goût pour les soigner si tu ne les comprends pas.

Ce que je te propose n'est pas aussi difficile que tu l'imagines ; un petit essai, une étincelle d'intelligence suffit pour te mettre en mesure de supprimer une grande partie de la force musculaire que tu dépenses sans nécessité. Sache bien aussi que le savoir, l'habileté, la science interviennent avantageusement dans toutes les opérations que l'on peut entreprendre, et que celui qui a sacrifié quelques veilles pour s'instruire n'a pas perdu son temps.

Dans toutes les entreprises, celui qui possède la science a de grands avantages sur celui qui agit machinalement.

Pour ce que je te demande, il n'est pas besoin d'un grand effort d'esprit ; une légère application peut débrouiller tes doutes, faire cesser les entraves qui compliquent le sujet de tes inquiétudes. Pour réussir, il faut que tu renonces à tes vieilles habitudes ; elles sont fausses, n'étant appuyées sur aucun raisonnement. Examine ce qu'ont fait nos pères qui ne connaissaient dans leurs opérations de labour que la puissance des animaux et la force musculaire d'un laboureur vigoureux. Il n'en sera plus ainsi à l'avenir, l'intelligence seule suppléera à tout cela en employant des principes raisonnés qui ont été obtenus à la suite d'un grand nombre d'épreuves.

Afin de te convaincre de la vérité de ce que je viens d'avancer, je vais te poser quelques questions auxquelles tu voudras bien répondre.

D. Voici une charrue qui est sous ta main et dont tu vas te servir. Je te prie de la bien examiner et d'avoir la bonté de me dire ensuite si tu serais capable de m'assurer formellement qu'elle est bien ajustée, et qu'elle fonctionnera d'une manière parfaite?

R. Cette question est si peu à ma portée et de tant d'autres laboureurs, que je crois qu'un agriculteur ayant du bon sens avouerait qu'il n'est pas compétent pour y répondre.

D. Or, mon cher, qu'un propriétaire comme toi qui laboure ses champs depuis vingt ans soit obligé de convenir qu'il n'a aucune connaissance des instruments, cela ne me paraît pas fort raisonnable. Si je te demandais qui est-ce qui doit le savoir, que me répondrais-tu?

R. J'en serais bien embarrassé.

D. Comment, tu es embarrassé? Est-ce qu'il te fait de la peine d'avouer que le plus intéressé à les connaître c'est toi; n'est-il pas urgent que celui qui laboure puisse raisonner sur les instruments dont il se sert et qu'il a sous la main tous les jours? As-tu remarqué que ton ignorance est cause que tu les négliges, que tu ne portes aucun soin à leur entretien; que cette négligence t'entraîne à une suite de réparations mal entendues, qui augmentent tes dépenses. Si tu les comprenais, le goût de les soigner te viendrait forcément, attendu que quand tu laboures avec un instrument en ordre tu n'as aucune peine; car il ne faut pas nous faire croire que labourer soit une chose pénible; il n'y aurait donc que la nonchalance qui pourrait t'entraîner dans les mêmes difficultés.

N'est-il pas venu dans ton imagination que la paresse est un grand vice? Souviens-toi que rien ne viendra tout seul se placer dans ta mémoire, qu'il faut pour ton profit que tu te donnes la peine de réfléchir, que tu penses, que tu cherches et que tu conçoives avant de prendre un parti; sans cela tu ne peux te rendre compte de tes opérations, et tu n'agis que dans le doute?

R. Ce que vous me dites me surprend, m'intimide et cependant j'écoute avec intérêt vos observations; je m'aperçois que je suis un ignorant, et je vous avoue que je crains que vous ne puissiez me guérir de cette maladie.

D. Pourvu que tu ne te décourages pas, je te promets de t'apprendre à surmonter ce qui t'embarrasse.

R. Si cela se pouvait, je vous déclare que vous me rendriez un bien grand service, car il m'arrive, ainsi qu'à beaucoup d'autres, de rencontrer une infinité d'obstacles que nous ne savons pas vaincre; personnellement, lorsque ma charrue fonctionne mal, ne comprenant pas ce qui en est la cause, j'endure bien de la peine, je m'impatiente, je jure, j'effraye les animaux, ils accélèrent le pas, je laboure encore plus mal, je les frappe quelquefois sans qu'ils le méritent. Enfin je me fatigue et j'ignore toujours les moyens de mieux faire. Aussi, je crois que nous (les laboureurs), nous serons pour longtemps voués à un rude métier; j'ai bien dè la peine à convenir que vous puissiez nous apprendre à labourer avec plus d'aisance et de facilité.

D. Comme toi, mon cher, j'ai eu de la peine, je me suis impatienté, fatigué; mais le désir de sortir de ce malaise m'a fait faire des recherches, et à force de persévérer, je suis arrivé à savoir quelque peu, à entrevoir les causes qui me retenaient dans ces embarras. En persévérant, je me suis pourvu de certaines connaissances; lorsque j'en ai été complétement assuré, je me suis senti pénétré d'une vive satisfaction. Alors mes regards n'ont pas tardé à se fixer sur cette classe d'hommes utiles qui fournit à tous et qui ne reçoit rien d'autrui. Croyant pouvoir les débarrasser de leurs inquiétudes journalières, ma conscience est venue me dire que celui qui négligeait de faire le bien quand il en avait la faculté, ne se conformait pas aux lois de la Providence, à l'humanité, aux devoirs de l'homme vertueux. Je viens donc, en proportion de mes forces, à ton aide et combattre l'indifférence dans laquelle vivent généralement tous les agriculteurs : je persisterai, convaincu que je puis adoucir votre labeur et vous soulager.

R. Je me fortifie dans l'intention de vous écouter, et si vous pouvez réaliser votre projet, dans l'intérèt général, je vous engage à y apporter le plus grand soin. Pour mon propre compte, si vous croyez pouvoir m'instruire sur ce sujet, je vous en aurai une vive reconnaissance.

Comme j'ai la certitude de pouvoir t'obliger, je me rends à ta prière. Aider, soulager, améliorer le sort de ses semblables, se rendre utile, en un mot, c'est le devoir sacré que toute personne qui raisonne doit s'imposer.

Ces dispositions sont douces, pénètrent le cœur, nourrissent l'âme des fruits de l'humanité. Oui, l'homme de bien ne connaît que le concours des bonnes actions pour élever son âme vers Dieu. Heureux celui qui peut faire du bien, il suit les lois de la nature.

Cette morale est universellement pratiquée dans tous les lieux qu'habitent des hommes raisonnables, ceux qui croient que leur patrie, leur République est partout où ils rencontrent des créatures auxquelles ils peuvent tendre une main fraternelle. Ainsi, les bons, les justes de tous les pays sont frères, il n'est pas question entre eux de se demander s'ils sont Anglais, Espagnols, Russes, Allemands, Turcs ou Chinois, Juifs, mahométans ou chrétiens ; ils professent le bon, l'honnête, méprisent et repoussent tout ce qui n'est pas d'accord avec la raison : Oui, la raison c'est le perfectionnement de nos idées, et plus nous devenons raisonnables, plus nous nous rapprochons de la loi de Dieu ; c'est elle qui doit régler la conduite de notre vie, et il n'y a point de vrai bien sans la raison. Elle m'apprend à aimer la justice, à respecter ce qui est à autrui, à être bienfaisant et surtout tolérant envers les pauvres humains qui ne savent pas réfléchir.

Réfléchissez, faibles humains, devenez bons, bienfaisants si vous voulez être agréables à Dieu, et ne donnez pas aux théologiens ce qui vous est nécessaire.

Je vous demande pardon, mes amis, je me suis laissé aller dans une voie qui n'est pas la mienne et, dans la crainte de m'égarer, je retourne promptement aux mancherons de la charrue, afin de vous engager à apprendre à vos domestiques, aux valets, une connaissance exacte des instruments ; ils ne tarderont pas à comprendre qu'il est de leur intérêt de s'instruire ; ils reconnaîtront que quand ils labourent avec une charrue bien entretenue les labours sont faciles, tandis qu'avec un instrument en désordre, déformé, leur peine augmente et devient quelque fois très lourde. Ils peuvent éviter ces obstacles en étant plus soigneux, puisqu'il est certain que la balance de leur peine dépend de leur application à soigner leurs instruments.

Ces indications, aidées par un bon administrateur, doivent incontestablement procurer les avantages recherchés et désirés depuis longtemps.

La terre est puissante ; elle ne connaît ni les bénédictions, ni les prières ; elle n'est pourtant pas ingrate ; mais elle a sans cesse la balance en main et ne se trompe jamais ; c'est toujours à celui qui la travaille le mieux qu'elle distribue le plus abondamment ses récompenses. Aussi en agriculture point de cas fortuits.

Les moyens que je viens vous indiquer soulageront les laboureurs, seront avantageux aux propriétaires, puisque les instruments dureront plus longtemps, les labours seront plus énergiques et par conséquent plus productifs ; et ensuite n'est-il pas pitoyable, n'êtes-vous pas fatigués d'entendre murmurer journellement ces pauvres diables (vos domestiques), *ma charrue va mal, il n'y pas possibilité d'y tenir.* Ces plaintes sont journalières, habituelles et datent de si loin qu'on croit que cela doit être éternel et qu'il n'y a pas de remède.

Pourquoi resteriez-vous dans cette pénurie, lorsqu'avec de l'ordre cela peut aller tout seul ? Si le métier de labourer la terre a la réputation d'être un art pénible, cela tient à notre ignorance : essayons de connaître la théorie des instruments et vous verrez qu'il en résultera un grand changement.

Qu'il me soit permis de vous dire que les agriculteurs, ceux qui labourent principalement, ont besoin de connaître la forme régulière d'une charrue (la théorie) ; cette forme se compose de deux lignes, dont l'une scie la terre horizontalement et l'autre la scie sur la paroi.

Un fabricant d'instruments qui sait son métier, les construit tous ayant la même forme. Si la première fois qu'un laboureur se sert d'une charrue, il la trouve bonne, pourquoi cet instrument ne conserve-t-il pas cette même forme? Pourquoi celui qui le manie le laisse-t-il déformer entre ses mains? Cela n'arriverait pas s'il connaissait la théorie des lignes qui le composent. Il se garderait bien d'en perdre le souvenir, sachant que sa négligence le ramènerait dans les mêmes embarras. Cela ne doit arriver qu'à celui qui n'a jamais reçu aucune instruction à ce sujet.

Si un laboureur sait qu'une charrue doit avoir telle forme, pour peu qu'il ait du goût, toutes les fois qu'un instrument passera entre ses mains en y jetant un coup d'œil avant de s'en servir, il doit reconnaître si sa construction présente la régularité des lignes que l'art exige, et il doit être assuré qu'il fonctionnera parfaitement.

Quoiqu'il y ait vingt ans que tu laboures, mon cher André, tu n'es guère plus habile que lorsque tu as commencé.

D. Enfin, crois-tu qu'il soit possible de construire une charrue qui n'exigera jamais aucun secours de ton intelligence?

R. Jusqu'à présent j'en ai usé ainsi.

D. Ne te presse pas de me répondre; je t'engage à examiner sérieusement cette question; prends du temps pour y réfléchir.

R. Réfléchir sur l'attention que nous devons porter à nos instruments, c'est une chose à laquelle je n'ai pas encore pensé. Les agriculteurs ont, en général, fait comme moi; nos idées n'ont pas pénétré jusque-là.

D. Cependant, il me semble que cela te regarde.

R. Oui, vraiment, et vous m'en faites apercevoir; j'avais et nous avions laissé le soin de nos instruments à nos charrons, à nos maréchaux qui, d'après vos justes observations, ne s'y étaient pas plus appliqués que nous. Vous me faites découvrir aussi l'état d'engourdissement où nous sommes demeurés si longtemps. J'avoue que notre intelligence était presque morte. Quel soin pouvions-nous apporter à une chose à laquelle nous n'entendions rien; pas un agriculteur n'était habile, à peine si l'on se réveille; chacun faisait comme il entendait, un peu mieux ou un peu moins mal, on se fatiguait beaucoup et nos opérations étaient toutes pleines d'entraves.

Eh bien, tant que tu n'appliqueras pas ton intelligence aux choses de ton art, ce désordre continuera. Si tu veux en sortir, étudie la théorie de tes charrues, et quand tu la connaîtras bien, ce que tu fais mal aujourd'hui et péniblement, parce que tu ne le comprends pas, avec les moyens que je vais t'indiquer tu le feras bien et sans peine.

Voici une charrue ; plaçons là sur une planche ou sur un terrain uni et horizontal ; mettons un coin d'un centimètre d'épaisseur sous la partie tranchante de l'aile du soc ; avec cette précaution l'instrument doit se placer parfaitement d'aplomb, l'âge ou cambette doit dégauchir sur le cep, la pointe du soc doit dépasser la perpendiculaire du côté gauche de la cambette de trois centimètres ; de la ligne horizontale du terrain à la ligne inférieure de la cambette de trente-huit à quarante centimètres de hauteur.

Généralement pour toutes les charrues, celle qui pique de la pointe ordinairement lève le talon ; elle a trop d'entrure, la ligne du cep et celle de la cambette sont trop écartées l'une de l'autre ; si au contraire elle glisse sur le cep, si elle refuse de s'enfoncer, les deux lignes dont je viens de parler sont trop rapprochées.

Maintenant appliquons une règle sur la paroi de la charrue contre le cep et le soc, la règle doit porter sur les deux extrémités et ne doit point toucher dans le milieu ; ce vide doit être d'un centimètre au moins.

Il est urgent qu'une charrue soit creuse dans sa ligne de paroi ; si elle était convexe, le bombement serait cause qu'elle s'obstruerait en fonctionnant. Il faut rigoureusement pour qu'une charrue ne rencontre point de difficulté dans sa marche qu'elle scie la terre par deux lignes concaves.

Il n'est pas aisé de faire glisser horizontalement et de tracer des sillons droits, en faisant marcher un instrument de forme convexe. De même qu'une règle de forme convexe ne peut pas appuyer les deux bouts contre une surface plate sans trembloter, pour qu'une charrue fonctionne commodément il faut que rien ne l'empêche d'appuyer les deux extrémités contre la terre qu'elle doit scier. Tournons la charrue sur le côté, présentons-lui la règle dessous, qu'elle appuye contre le talon et contre la pointe du soc, il faut qu'il y ait un vide dans le milieu de trois centimètres environ.

Rappelle-toi qu'il est de rigueur que les deux lignes que je viens de t'indiquer soient concaves ; si elles étaient convexes la charrue ne pouvant pas appuyer des deux extrémités trembloterait sur sa partie horizontale et aurait de la peine à scier droit sur le côté.

Pour t'en assurer et te faire une idée nette, procure-toi une règle, qu'elle soit d'un côté convexe et de l'autre concave ; essaye de la fair glisser par la partie convexe sur une planche unie en appuyant une main sur chaque bout, la règle ne pouvant pas porter des deux extrémités tremblotera sous ta main, il te sera impossible de tracer une ligne droite.

Or, il est certain qu'une charrue qui aurait du rond dessous, c'est-à-dire dans sa ligne horizontale, ainsi que sur le côté dans sa ligne de paroi ne fonctionnerait pas commodément.

Quand tu porteras tes instruments en réparation, je te recommande d'exiger des ouvriers la régularité des lignes que je viens de t'indiquer; avec cette précaution toutes les difficultés sont vaincues.

Pour un laboureur insouciant, le soin de sa charrue ne l'occupe guère; dépourvu de goût, il n'en fait aucun cas; mais il est très à-propos qu'un agriculteur comme toi, André, qui as des idées raisonnables et un fond de jugement éclairé, tu cherches à connaître les méthodes raisonnées. Ce sont les seuls et uniques moyens pour diminuer ta peine, supprimer beaucoup de dépenses en réparations mal comprises et augmenter ton revenu.

Tu vois que pour surmonter les difficultés dont tu te mettais tant en peine, il ne s'agit plus de compter sur la force musculaire d'un laboureur vigoureux : travaille intelligemment si tu veux diminuer les obstacles; tout consiste dans le soin de tes instruments. Ainsi, sois bien averti que quand tu négligeras ta charrue tes embarras recommenceront, et sache aussi que pour bien faire dans quelque art que ce soit il faut être bien outillé.

Ce que je viens de te dire est bien court, bien simple, facile à comprendre; c'est de la matière que tu peux voir, que tu peux toucher et dont tu peux te rendre compte ; et comme j'ai la certitude que cette leçon te sera utile, je t'engage à la méditer sérieusement, car j'ai la ferme conviction que ce sera pour toi un acheminement à l'amoindrissement de tes peines.

Méfie-toi de celui qui répare tes instruments ; il est aussi ignorant que toi ; c'est par habitude qu'on va chez lui et on continue parce qu'on ne peut pas aller ailleurs (1). Comme toi il travaille sans goût et sans principes ; ne s'étant jamais

(1) Exiger de nos maréchaux la justesse, la régularité des pièces d'une charrue, l'ordre pour les réunir ensemble, c'est les mettre dans l'embarras comme toi.

D'après ce qui vient de se passer sous mes yeux, je vois que nos forgerons, dans le perfectionnement de nos instruments, ne se soumettront pas à suivre les règles sans lesquelles il n'est pas possible de construire une bonne charrue.

Voici un fait : Depuis plusieurs années, je fournis à un nommé Héraut, d'Uchaud, des charrues vigneronnes ; il est à présumer que les forgerons de sa localité ont aussi peu de goût que les nôtres ; alors il vient chez celui dont je me sers pour les faire réparer. Héraut est un agriculteur qui a beaucoup de goût ; je lui ai expliqué les difficultés qu'il éprouverait lorsque sa charrue ne serait pas conforme aux lignes que l'art exige, et comme il avait rencontré en labourant quelques-unes de ces difficultés, il est exact à examiner ses charrues quand il les fait réparer, puisque un jour en ma présence il fit une observation à l'ouvrier qui les lui réparait : Vous vous êtes trompé là, lui dit-il, il faut que le soc soit dans cette direction, tel que vous l'avez placé l'instrument fonctionnerait mal, j'aurais de la peine à m'en servir, je vous prie de le mettre dans cette direction. Ses observations étaient justes.

Cependant, l'ouvrier qu'il réprimandait m'a fait plus de cent charrues et il n'est pas plus habile que le premier jour. Je vous laisse à penser si les remontrances ont manqué.

servi d'une règle ni d'une équerre, il ne croit pas en avoir besoin. Les instruments qu'il fait ont toutes les pièces d'une charrue, attachées tant bien que mal sans les soumettre à aucune régularité; n'étant point finis, entre toi et lui les contestations sont continuelles, ni l'un ni l'autre vous ne connaissez ni principes ni méthode.

Si tu n'as pas le soin de redresser cet ouvrier il ne peut en résulter que des erreurs continuelles qui videront ta bourse et te maintiendront dans l'erreur. Pour ton profit, je te conseille de l'instruire si tu veux éviter ce cumul de dépenses provenant de son ignorance.

. Enfin, dans la position où tu es maintenant, s'il te survient quelque difficulté par un dérangement à ta charrue, tu ne sais pas ce que tu as à demander à l'ouvrier, et lui ne sait pas t'expliquer clairement ce qui manque à ton instrument, il est aussi embarrassé que toi. Il est donc urgent que cela cesse et tu dois faire tous tes efforts pour sortir de ce désordre ruineux.

Ce ne sera qu'à la suite du temps et peu à peu que l'ouvrier acquerra du savoir faire. Plus tard, quand une concurrence sera établie, l'on pourra exiger d'eux des réparations bien conçues, ce qui n'arrivera que lorsque ce métier sera pratiqué plus généralement ; le besoin alors appellera dans chaque localité un ouvrier spécial dont la capacité bien reconnue autorisera l'agriculteur à faire des représentations fructueuses, si l'on se permettait quelque négligence.

Je crois que ceci est suffisant pour te faire connaître tes fausses manœuvres et les dépenses mal entendues pour l'entretien de tes instruments, et celles auxquelles tu demeures encore exposé si tu continues à rester dans ce désordre. Redouble donc d'attention et de persévérance pour ton profit ; le vrai talent de l'agriculteur est de ne faire aucune dépense inutile, de tirer bien parti du temps, de penser à l'avenir afin d'être en mesure d'exécuter les cultures quand c'est le moment. Car il est bien certain que ceux qui laisseront les choses livrées à elles-mêmes, ne connaissent pas de règles établies, ni de principes à suivre ; pour ceux-là les opérations faites avec ordre et économie seront longtemps inconnues.

Ne t'arrête pas à l'opinion des domestiques. Si tu en entends quelques-uns médire d'une chose nouvellement introduite dans l'agriculture, ne fais aucun cas de ce qu'ils disent ; ce sont de fort mauvais appréciateurs, jamais ils n'ont réfléchi à rien ; ils condamnent sans intelligence et sans se demander s'ils sont compétents.

Rappelle-toi aussi que les gens à gages dans l'agriculture s'intéressent peu au progrès. C'est toi, André, qui es le vrai agriculteur ; tu as des avantages réels si tu veux en profiter ; tes moyens d'existence sont là, tu peux les augmenter en

te rendant compte ; mais tu ne peux te rendre
compte qu'en adoptant des principes raisonnés.
Aucun propriétaire ne peut exercer auprès de
ses domestiques une surveillance assez exacte
pour obtenir ce que tu peux faire toi-même ;
aussi, je t'engage à profiter de ces avantages, ils
sont immenses.

Si les agriculteurs voulaient se donner la peine
de réfléchir, ils s'apercevraient que tout ce que
l'on fait sans le comprendre n'est que le résultat
de vieilles habitudes ; par la pratique des réflexions, l'on améliore et l'on élargit ses idées :
en comparant l'on découvre les différences, l'on
arrive à se rendre compte si telle méthode est
préférable à telle autre, et insensiblement l'on
parvient à se débarrasser des préventions et de
la routine.

Si les propriétaires de grands domaines n'exigent pas que leurs bayles sachent la théorie des
instruments d'agriculture, qu'ils s'imposent l'o-
bligation de dresser les valets au maniement des
charrues, sinon jamais leur mode d'exploitation
ne sortira de la routine, ni de la lenteur qu'entraîne l'ignorance ; ils ne profiteront pas des
avantages que peuvent acquérir les propriétaires
praticiens.

J'ai la conviction que dorénavant quand un
propriétaire s'accordera avec un bayle, la première question qu'il lui adressera, ce sera de
lui demander s'il est capable de dresser les va-

lets à la manœuvre des instruments de labour, s'il en connaît la théorie et la régularité de leur forme ; le bayle sera dans la nécessité de convenir qu'il le sait, quand bien même il l'ignorerait. Mais le propriétaire qui aura la moindre expérience reconnaîtra bientôt son ignorance, à cet égard, et alors, persuadé que cela est indispensable dans une exploitation agricole bien administrée, il exigera de lui une étude approfondie. Car, dans quel désordre ne tomberait pas un atelier dont le chef ne serait pas compétent, ou qui, par négligence, ne voudrait pas enseigner aux ouvriers qui lui sont confiés.

Eh bien, partout où les bayles ne savent pas ou ne s'occupent pas de dresser les domestiques, l'exploitation est négligée, le soin des instruments ignoré, l'esprit d'ordre inconnu.

Pour qu'un atelier soit en prospérité, il faut que celui qui le dirige exerce une surveillance exacte sur la bonté des travaux, qu'il prenne ses dispositions afin d'éviter la perte du temps, et qu'il possède les connaissances requises pour instruire les ouvriers qui pourraient se tromper.

Il en est de même dans une exploitation agricole ; il est urgent que le directeur ait le talent de bien combiner les opérations des travaux de manière à mettre le temps bien à profit, tout en profitant des moments où l'on fait beaucoup et sans peine ; que les instruments soient bien tenus,

afin de ne fatiguer ni son monde, ni ses attelages.

C'est une règle générale, le propriétaire d'un
atelier quelconque choisit un ouvrier supérieur et rigoureusement capable de connaître
jusqu'aux plus minutieux détails de son administration, dans le but de remédier promptement
aux fausses manœuvres que pourraient commet-
tre les subordonnés. On reconnait le talent d'un
administrateur au choix de ses employés et au
soin qu'il a de savoir mettre chacun à la place
qui lui convient le mieux.

A-t-on ces mêmes précautions dans les
exploitations agricoles?

Non! et je ne pense pas que l'on puisse me
citer un seul exemple; personne encore n'a
dépensé assez d'intelligence pour corriger les
bévues de l'erreur et de la prévention.

Celui que l'on commet pour commander, doit
savoir travailler; le chef qui sait (en agriculture surtout) est obligé de transmettre sa science
à ceux qu'il emploie, s'il veut remédier aux
pertes causées par l'ignorance.

Si généralement les laboureurs négligent leurs
instruments, c'est qu'ils ne les comprennent pas.
Quand ils en ont un qui fonctionne bien, ils
croient que cela arrive par hasard; lorsqu'ils
seront instruits de la régularité de leur forme,
ils se tiendront sur leur garde et ils les soigne-
ront mieux, afin d'éviter la peine que leur cause

une charrue déformée. L'expérience leur aura appris que c'est leur négligence qui fait naître leurs entraves. Il y a donc nécessité de leur donner cette connaissance, qui doit leur inspirer le goût de les soigner.

Lorsque l'instruction sera arrivée à ce degré, ce qui est urgent et facile, le patron pourra faire des remontrances méritées quand il sera sûr qu'il les adresse à un subordonné qui comprend, car, jusqu'à présent, entre le maître et ses domestiques il y a souvent confusion sur une infinité de choses relatives entre eux, soit pour les instruments et autres qui demeurent sans explication.

Celui qui parviendra à donner ces coutumes au personnel de son domaine aura acquis le droit d'exiger par le raisonnement tout ce que lui doivent ses employés, et selon qu'il exercera sa surveillance, il établira dans son exploitation des règles d'ordre et d'économie qui sont encore inconnues.

Il y a de mauvaises habitudes prises, qui datent depuis fort longtemps, mais tout est possible à un bon administrateur pourvu que les domestiques comprennent que celui qui dirige les travaux est à la recherche des moyens les plus faciles afin d'adoucir leur peine, s'ils sont confiants dans ce bon procédé, soyez convaincu que vous obtiendrez facilement de tous ce qui est juste et raisonnable. Car il faut leur accorder que ce sont généralement des hommes bons, et que rarement l'on en rencontre qui manquent de reconnaissance pour les bienfaits.

Par la dureté on n'obtient que quelques soumissions forcées, mais jamais on n'arrive à gagner la considération publique et l'estime de ceux qui réfléchissent.

Ce serait une idée fausse, une illusion de croire avoir à faire à des ignorants à qui la nature a totalement refusé ses dons; l'intelligence ne s'achète ni ne se communique ; elle ne cherche pas les habits de luxe pour s'y loger ; ni la soie, ni l'or, ni les pierreries ne la tentent, cela lui est bien indifférent, elle se trouve tout aussi bien dans une cabane, que dans un palais; chez l'indigent comme chez l'homme fortuné : si c'est un don de Dieu, celui qui la possède l'offense quand il en fait un mauvais usage. A mon avis, c'est quelque chose de si précieux que pour le bien de l'humanité elle ne devrait résider que dans les cœurs honnêtes. Aussi, parmi ces hommes rustiques, en rencontre-t-on plusieurs qui comprennent très-bien la raison et qui savent s'en servir.

Celui qui ne sait user que des moyens d'autorité pour se faire obéir, ne sait pas commander ; c'est un administrateur méprisable et incompétent qui n'est pas à la hauteur de son emploi ; par les voies d'autorité, il obtient seulement que le subordonné se courbe ; cette soumission n'est qu'apparente, parce qu'elle est exigée par un puissant dépourvu de raison et de savoir faire.

Il n'y a que les méchants qui soient durs envers leurs subalternes. Leur ambition, l'orgueil de dominer les font exiger le plus souvent des choses injustes. Aussi des chefs de cette trempe sont-ils généralement détestés.

Pendant longtemps j'ai cherché le moyen de corriger certains désordres qui existent dans les exploitations agricoles, provenant de la négligence des domestiques; j'ai voulu les rendre plus soigneux pour ce qui leur est confié, les amener à être doux envers les animaux, à avoir soin des harnais, des instruments de labour et de tout ce dont ils se servent. Je me suis souvent demandé : Que faut-il faire pour les rendre vigilants? Je dois avouer que mes recherches n'ont abouti qu'à me convaincre qu'une surveillance exacte seule pouvait remédier à ces graves inconvénients.

J'ai eu l'idée d'une association avec les domestiques dans l'entreprise d'une ferme; si je ne l'ai pas mise en pratique, c'est que je n'avais pas les moyens pécuniaires pour la poursuivre.

Il me répugnait aussi de spéculer sur leur travail. Je me suis souvent dit : L'homme que je qualifie de domestique est mon égal; ai-je le droit d'user d'autorité sur lui? Comment ai-je acquis ce droit? Ce qui me tranquillisait, c'est que nous étions liés par des conditions qui le rendaient libre de se séparer de moi s'il n'en était pas content.

CHAPITRE III

—

CHARRUE VIGNERONNE

Il n'est pas douteux que c'est par l'effet des cultures énergiques que l'on obtient l'augmentation des récoltes ; les moyens les plus sûrs pour y parvenir sont attachés au mérite des instruments. Dans ma commune, il n'y a pas un seul vigneron qui n'ait apprécié la supériorité des labours de la charrue vigneronne. Depuis qu'on l'a adoptée, les vignes y ont gagné ; chaque jour on reconnaît que ce bienfait grandit, les herbes parasites disparaissent, le sol s'ameublit, les cultures étant meilleures, les récoltes sont généralement plus abondantes ; tout répond en proportion à l'excellence des labours. L'animal agit plus librement et a moins de peine à tirer qu'avec l'accoutrement du fourcas, le laboureur aussi se fatigue moins.

J'ai remarqué au commencement de l'introduction de cet instrument que les plus zélés et les premiers qui l'ont adopté n'étaient pas ceux qui possèdent les plus grandes propriétés et qui font valoir par des domestiques, mais bien ceux qui cultivent leur champ de leurs propres mains. Pouvant avec une seule bête faire de meilleures cultures que ceux qui en attelaient deux, ils n'ont pas tardé à accucillir favorablement le procédé qui les mettait dans le cas de faire mieux que les grands terriens.

Ainsi, la classe des domestiques, qui n'est pas intéressée au progrès, serait demeurée dans ses vieilles habitudes, si les patrons, se voyant devancer par leurs inférieurs, ne les y avaient contraints sérieusement.

Je crois qu'il est à propos de dire ici, en passant, qu'avant la connaissance de la charrue vigneronné, c'étaient les plus riches propriétaires qui labouraient le mieux leurs vignes, parce qu'ils avaient de bons chevaux et en quantité suffisante.

Pour remédier à la grossièreté de nos anciens instruments, il fallait de la force. Le petit propriétaire était pauvre en animaux et en instruments. Il cultivait mesquinement. Celui qui n'avait pas de bêtes cultivait à bras, ses cultures valaient mieux que celles de l'araire; maintenant les choses sont bien changées : le vigneron qui n'a qu'un seul cheval, si faible qu'il soit et qui lui-même laboure ses vignes, les cultive mieux que le riche propriétaire, en se donnant un peu de peine dans le maniement de la charrue vigneronne. Par le jeu de haut en bas et de bas en haut, il aide l'animal, cette commodité n'existe pas dans le maniement du fourcas, ni de l'araire, ni dans aucun des instruments à timon roide.

La manifestation du petit propriétaire en faveur de la charrue vigneronne me fait espérer que c'est de ce côté que le progrès des instruments doit nous arriver, et non de chez celui qui laboure dans un salon avec sa canne, ou avec un couteau dans un vase ; leurs bayles sont paresseux et ignorants parce qu'ils n'ont aucun intérêt qui les encourage à aller vers le progrès.

Quand on aura reconnu qu'avec une seule bête on peut faire mieux qu'avec deux attelées ensemble, l'araire et le fourcas seront supprimés ainsi que le long et monstrueux joug ; fléau qui causait continuellement des écorchures aux bêtes de labour.

J'ai cherché maintes fois à m'entretenir avec des propriétaires qui cultivent leurs vignes avec ce nouvel instrument ; nous sommes demeurés d'accord que, sans compter la supériorité des labours, on gagnait un tiers dans l'économie du temps. Ainsi, il m'a été dit par plusieurs propriétaires qui savent juger avec discernement, que ce que l'on faisait dans le temps passé avec six bêtes par le système des araires, n'én demandait que quatre avec la charrue vigneronne et que les labours étaient bien supérieurs.

Depuis que l'on use de ce moyen il est peu d'agriculteurs qui se mettent en retard dans leurs cultures ; le plus grand nombre donne cinq, six façons à leurs vignes et il y en a qui en font davantage. Tandis qu'avec les anciens instruments les propriétaires les plus aisés pouvaient à peine faire quatre labours, un bien petit nombre y parvenait.

Autrefois, ceux qui n'avaient qu'une seule bête s'associaient pour faire les labours d'hiver, parce qu'à l'araire il faut nécessairement deux bêtes ; un grand nombre de difficultés troublaient ces associations. Depuis que l'on se sert de la charrue vigneronne, si médiocre que soit le cheval que l'on attèle, il est assez fort et les cultures se font bien mieux que par le passé.

Il n'est plus question de ces observations ridicules, ni de ces prétextes de controverse dont on se servait pour tempérer les défauts que nous avions contractés ; on ne dit plus, lorsque le terrain est dur, qu'il est difficile à travailler et que les instruments perfectionnés éprouvent plus de difficultés que les anciens. On a reconnu qu'il n'y a point de charrue qui puisse faire de bons labours quand la terre a durci faute de culture en son temps, et que celui qui attend qu'elle soit dans cette condition pour la cultiver est un ignorant en agriculture : il ne sait pas saisir les occasions favorables où les labours sont faciles.

Lorsque la terre se brise bien sur le versoir la façon est meilleure que quand elle cède par mottes.

Tous les vignerons de ma localité ont appris qu'en ayant soin de pratiquer les cultures quand le moment est opportun, la terre est toujours facile à travailler. Ils se sont assurés que pour celui qui sait profiter de l'instant favorable, les avantages sont si grands que pas un ne se néglige, convaincu que dans ces moments le laboureur, sans peine, fait beaucoup et bien. Tandis que celui qui, par de fausses combinaisons arrive à faire ses labours lorsque les terres sont dures, est un ignorant qui ne sait pas disposer ses travaux, et qui n'a jamais réfléchi sur ce que coûtent ces cultures et combien elles valent peu.

Voici comment s'y prennent les vignerons qui s'entendent le mieux à la culture de la vigne.

La première façon d'hiver on passe quatre sillons dans la large aux vignes qui sont plantées en quinconce à un mètre cinquante-cinq environ de distance, en renversant la terre dans l'ancien sillon qui a été laissé ouvert antérieurement. Quand on veut faire déchausser on fait un second labour dans le sens qui croise le premier ; pour cette fois on passe cinq sillons, et l'on renverse également la terre dans le milieu de la large. Par ces deux labours croisés l'on a amoncelé la terre au milieu des deux larges, les souches en sont dégarnies, ce qui facilite l'opération du déchaussage, le manouvrier, avec moins de peine, le fait mieux.

De cette manière l'on a donné deux façons en passant quatre fois dans un sens et cinq fois dans l'autre, ce qui fait en tout neuf sillons avec une seule bête, tandis que pour faire cette culture avec l'araire, on passait dix fois avec deux bêtes ; on a donc dépensé un quart de temps de moins avec la petite charrue ; l'on n'a employé qu'une seule bête au lieu de deux et les labours sont bien supérieurs.

Dans le mois d'avril, avec la même charrue, on donne une troisième façon en poussant la terre contre les souches, pour cette fois quatre sillons dans chaque large suffisent.

Les vignerons qui cultivent ainsi, ont un superflu de temps qui leur permet de donner à leurs vignes pendant l'été une et quelquefois deux façons de plus, ce qu'ils ne pouvaient pas faire avec les anciens instruments.

Maintenant pas un vigneron ne se met en retard pour ses labours ; aussi les vignes sont généralement mieux soignées, plus propres et en meilleur état de production qu'anciennement.

Tant que l'on a fait usage de l'araire et du fourcas pour cette culture, jamais les vignerons n'ont contesté le mérite de celles qui étaient faites à bras, et dans nos localités on a toujours accordé la préférence au fossoyage.

L'introduction de la charrue vigneronne a bien changé les idées ; tous les propriétaires ont reconnu que par la multiplicité des labours en dépensant moins, les vignes que l'on cultive avec cet instrument ont pris le dessus sur celles qui se fossoyent. Aussi, il n'y a que celles qui sont dans des terrains en pente, ou celles qui sont vignes et olivettes que l'on continue à fossoyer.

Il est bien certain que toutes les fois que vous renouvelez un labour, c'est une caresse que vous faites à votre vigne ; elle y est sensible et le manifeste par un redoublement de végétation. L'on s'est aperçu également, que si les plantiers cultivés au labour sont de plus belle venue que ceux que l'on fossoyent, c'est aussi la multiplicité des labours qui procure ces avantages.

Voici un aperçu de ce que coûtent les cultures d'une année pour 2400 souches destinées au labour, comparé aux frais d'un même nombre de souches qui sont au fossoyage.

Tous les vignerons reconnaissent qu'une vigne qui a reçu pour la première façon deux labours à la charrue vigneronne et le déchaussage est aussi bien cultivée et peut-être mieux que celle que l'on a déchaussée et fossoyée une seule fois.

Cependant, celle qui est au labour a coûté 22 francs 20 centimes, comme nous allons le voir ; et tandis que celle qui est au fossoyage en a coûté 48 francs. Je dis 48 francs sans compter que dans l'une l'opération se fait en deux jours, lorsque à l'autre elle peut en durer quinze. S'il y a un avantage dans la première culture où l'on donne deux labours contre un fossoyage, quel profit ne reviendra-t-il pas de la dernière culture, où il y aura quatre labours pour un fossoyage ?

Frais de culture de 2400 souches destinées au fossoyage :

Février, déch. de 2400 souc , 1 f. le cent. 24 f. ⎫
Mars ou avril, 1re façon, 1 fr. le cent.. 24   ⎬ 66 fr.
Juin, 2me façon, 0 fr. 75 le cent.......: 18 ⎭

Pour faire un labour à 2400 souches il faut une journée et un quart en passant cinq sillons dans chaque large, à six francs par journée. On peut espacer les labours, c'est-à-dire faire le premier en décembre ou janvier, mais toujours quand la terre est bien ressuyée et qu'elle se brise sur le versoir : le second on le fera quand on voudra déchausser.

Les labours faits à deux époques différentes permettent d'ouvrir la terre deux fois, la vigne profite d'un avantage de plus pour être en rapport avec l'atmosphère.

Frais de culture de 2400 souches au labour :

Culture d'hiver, 2 lab. à 7 f. 50 l'un. 15 f. 00)
Déchauss. 2400 souch. à 40 c. le cent.   9   60 } 54 f. 60.
Depuis avril jusqu'à fin juin, 4 lab... 30   00)

Ceux qui fossoyaient leurs vignes préfèrent la charrue vigneronne, pas un seul ne voudrait qu'on les lui cultivât à l'araire, ni au fourcas ; ces deux instruments sont prohibés, et l'on dit vulgairement de ceux qui continuent avec ce système qu'ils ne sont pas sortis de leur trou.

Il ne faut plus deux bêtes attelées ensemble pour labourer les vignes ; si l'on a renoncé à l'araire et au fourcas, c'est que les instruments à deux versoirs n'ont point de glissant quand ils fonctionnent, ni la faculté de couper une bande de terre, de la soulever et la renverser sans dessus dessous ; l'instrument à deux versoirs déchire, refoule et ne renverse pas.

Je demande à tous ceux qui s'occupent d'étudier les instruments, s'il y aurait possibilité de faire enfoncer dans la terre une charrue à quatre bêtes qui aurait deux versoirs ; en admettant qu'on le pût, quel nombre de bêtes ne faudrait-il pas pour la tirer.

Eh bien, l'araire, le fourcas et tous les instruments qui ont deux versoirs exigent en proportion plus de force de tirage ; il est donc avantageux de remplacer l'araire par la charrue vigneronne ; bien certainement l'on obtiendra par ce nouveau procédé des cultures meilleures et avec moins de peine. Je défie que l'on puisse me prouver le contraire.

De plus, un jeune garçon de quatorze à quinze ans peut facilement labourer avec la charrue vigneronne, ce qu'il ne pourrait pas faire avec le fourcas, et bien moins encore avec l'araire. Enfin la charrue vigneronne a les mêmes avantages sur le fourcas, que le sécateur sur la *poudadouyre.*

Les instruments à deux versoirs comme l'araire et le fourcas, quand ils fonctionnent, sont continuellement engorgés, le laboureur est dans la nécessité de se servir d'une *darboussade* pour gratter incessamment l'avant-corps ; s'il se néglige l'instrument refuse de travailler.

La charrue vigneronne n'éprouve pas ces difficultés, elle ne s'engorge pas.

Si je savais comme Esope ou Lafontaine faire parler les bêtes, j'interviendrais en faveur de celles qui sont encore soumises au long et monstrueux joug à l'usage de la vigne, et contre toute espèce de joug ; je voudrais les aider à dresser leur plainte, afin d'obliger les agriculteurs inhumains qui s'en servent à comparaître en présence d'une société d'agriculture pour se prononcer sur les motifs qui leur font préférer cette manière de faire, et à se voir condamner pour leur indifférence, sur un objet qui est de

leur compétence et dont ils peuvent fort bien
apprécier l'utilité.

Puisque nous voici occupés à apporter les
soins, les améliorations bien entendues qui sont
à notre portée pour la culture de la vigne, je
suis bien aise de rapporter ici une opinion
admise par les vignerons les plus distingués de
ma localité, et que je me fais un plaisir d'asso-
cier à mes expériences.

Quand j'ai voulu fumer une vigne (me disait
un de ces vignerons), je me suis longtemps em-
pressé d'y faire les cultures le plus promptement
possible, pensant que la bonification de la fumure doit nécessairement commencer son effet
dès le moment que le fumier est déposé et
épargi sur le sol ; ainsi, pour arriver à cela, je
faisais tailler, labourer, déchausser et immédiatement je fumais, je couvrais de suite le fumier
par un nouveau labour.

Tant que j'ai fait mes opérations machinalement, avec les habitudes dont j'avais hérité de
mes parents ou en imitant les vignerons qui
étaient réputés les plus capables, j'ai employé
cette méthode ; mais quand j'ai été dans le cas
d'apprécier les cultures, j'ai réfléchi sur les
résultats obtenus, et j'ai reconnu que tout en
voulant fumer il ne fallait rien perdre de l'effi-
cacité des labours, que ces deux choses allant
ensemble détermineraient un succès accompli.
Celui qui sait les concilier y trouve son compte

incontestablement ; car à quoi bon fumer si l'on ne retire pas le meilleur parti des cultures préparatoires, il est évident que les cultures qui n'ameublissent pas la terre ne sont pas bonnes.

Les cultures précipitées faites pendant l'hiver et que l'air et la lumière ne pénètrent pas suffisamment, ne sont pas efficaces ; elles rendent la terre dure, compacte et les souches malades pendant plus d'une année ; quand on a besoin d'y retourner, il faut plusieurs labours pour la remettre dans son état normal de fécondité.

Les meilleurs labours pour la vigne sont ceux qui mettent en réserve le plus de fraîcheur dans la terre. Or, pour arriver à cela, on ne doit labourer que quand elle est parfaitement ressuyée. Si vous labourez par des temps humides, soit par le piétinement des animaux ou le frottement de l'instrument vous la pétrissez, elle devient dure comme du mortier, ses pores se ferment et dès lors elle cesse d'être en rapport avec la lumière. Il ne faut pas attendre non plus qu'elle soit durcie par les chaleurs, car si elle cède par mottes, votre magasin de fraîcheur est épuisé, la végétation s'arrête, non seulement la vigne souffre, mais les plantes, les arbres aussi, partout où ce cas se présente.

L'on s'est aperçu qu'entre le déchaussage et la fumure il faut un intervalle assez long pour donner à la terre le temps de se ressuyer ; il faut aussi laisser ouverts les trous du déchaussage assez de temps pour que la terre exposée à l'air puisse se purifier, se sécher afin de ne pas compromettre sa fertilité.

Ces conseils sont le résultat de l'expérience d'agriculteurs pratiques, de gens habitués à manier tous les instruments de l'art et à en suivre avec attention tous les détails.

En agriculture, comme en toute autre industrie, on ne doit pas supporter la plus légère perte par sa faute ; cela n'a lieu que chez l'insouciant, le paresseux.

Le vigneron expérimenté doit dans toutes ses opérations ne négliger aucun des avantages qui aident le succès de ses récoltes ; aussi dans l'opération du labourage toutes les précautions doivent être prises pour aider la terre à se ressuyer.

Le meilleur moyen, pour arriver à ce résultat, est de commencer par tracer un seul sillon dans chaque large sur toute l'étendue de son champ, quand il est terminé, on vient reprendre là où l'on avait commencé et l'on trace un sillon de chaque côté du premier, de même sur toute l'étendue du champ, et de nouveau on se met à la première large et on passe un dernier sillon ; l'on arrive ainsi à côté des souches.

Par le fossoyage on est privé de cet avantage, car le fossoyeur ne peut le faire qu'en jetant les pelletées de terre l'une contre l'autre successivement.

OBSERVATIONS SUR LES PLANTIERS

Plusieurs vignerons, dans l'intention d'activer leurs nouvelles plantations, s'empressent de les fumer la première année et le plus tôt possible.

Un de mes voisins, à la fin d'août de la même année qu'il avait planté, fit déchausser et fumer avec des balayures réduites en terreau, il ne tarda pas à couvrir le fumier. A la suite de ces cultures, la végétation fut interrompue, la pousse d'automne ne se manifesta pas comme aux plantiers voisins qui l'entouraient et qui n'avaient pas subi ces mêmes cultures. Le printemps suivant il en fut de même, la végétation fut paresseuse et moins brillante que dans les plantiers voisins qui n'avaient point été fumés.

Ceci s'est passé sous mes yeux, je l'ai fait remarquer à plusieurs propriétaires, ainsi qu'à celui du dit plantier qui m'a avoué qu'à la suite de cette opération plusieurs souches étaient mortes ; aussi en avons-nous conclu que ce ne pouvait être que le déchaussage qui avait causé cette contrariété en exposant les racines des jeunes plants à l'ardeur du soleil.

Je crois qu'il convient de fumer les plantiers à la fin de l'automne, quand ils sont complétement dégarnis de leurs feuilles, car dans cette saison les racines n'ont rien à craindre des chaleurs.

Quant à la taille de la vigne, j'ai peu de choses à en dire; c'est pourtant un point essentiel qui exige beaucoup d'attention. Lorsqu'une souche est taillée, on ne peut pas reconnaître si le manouvrier a bien ou mal fait, ce n'est qu'en étant présent à l'exécution que l'on peut lui dire : arrêtez; le cep que vous laissez pour portant n'est pas celui qui convient; celui-là est bien plus robuste et mieux placé pour arrondir la souche.

Aussi, n'y a-t-il guère que ceux qui taillent eux-mêmes leurs vignes qui s'acquittent bien de cette opération. Le plus grand nombre des manouvriers que l'on y emploie font ce travail sans y apporter le soin qu'il exige ; généralement, ils cherchent leur aisance et coupent les ceps qui se trouvent à leur portée sans se préoccuper de laisser celui qui promet le plus et qui façonne le mieux la souche.

Quoique je sois persuadé que pas un de nous ne cherche à atteindre la perfection dans ses cultures, je ne suis pas pour cela découragé, et je continuerai, autant qu'il sera en mon pouvoir, à faire des recherches pour l'amélioration des labours, et le perfectionnement des instruments.

Pour les cultures de la vigne, je veux essayer de passer avec la charrue vigneronne quatre sillons dans la large et deux avec la déchausseuse, former un *billon* dans chaque large : la petite bande de terre que je n'aurai pas pu prendre avec la déchausseuse, je la ferai enlever par les manouvriers. La terre amoncelée en billon sera mieux exposée à l'air et à la lumière pour en recevoir ses améliorations : elle conservera sa fraîcheur ; quand il conviendra d'y pratiquer un nouveau labour, en démolissant le billon, le versoir la rejettera et la rendra meuble. La troisième façon pourra se faire à la herse, en croisant les autres labours.

Une petite herse tirée par un seul cheval et qui en un va-et-vient remplirait la large activerait les cultures, et cette façon ameublirait la terre. J'ai l'intention d'en construire une à laquelle je puisse changer les pieds, tantôt en pointes courbées, tantôt en pieds plats pour couper les jeunes herbes.

Je crois que nous n'usons pas assez de la herse dans nos vignes, cela nous permettrait de les gratter de temps en temps, ce qui je présume y conserverait la fraîcheur ; à chaque renouvellement de culture, quand ce ne serait qu'une égratignure avec la herse, si votre vigne pouvait parler, elle vous dirait : Je vous remercie, mon maître, venez souvent, car les labours me servent d'aliments, me fortifient ; c'est ma vie : plus vous les multiplierez, plus je deviendrai robuste.

Je crois qu'il n'est pas mal à-propos de vous dire, mes amis et collègues en agriculture, que, généralement, vous manquez d'instruments. Je ne crois pas qu'il y en ait un parmi vous qui soit en possession de tous ceux dont il a besoin, ce qui est souvent cause que vos cultures sont insuffisantes. J'en connais plus d'un qui ne manquent pas de moyens de se bien outiller ; ils savent fort bien qu'ils ont tort de se négliger, mais ils ne se corrigent pas.

Il y aurait encore bien des choses à dire sur les cultures de la vigne ; les menaces du phylloxera qui va les envahir et les faire disparaître, qui sait pour combien de temps, me font craindre que les conseils que j'ai voulu vous donner, mes chers confrères, n'arrivent trop tard. Je ne vais donc plus vous parler que des instruments aratoires perfectionnés, espérant que mes expériences profiteront à quelques-uns d'entre vous.

CHAPITRE IV

DE LA CHARRUE SUR AVANT-TRAIN (1)

La charrue sur avant-train fonctionne d'une manière tout opposée à celle sans avant-train, elle exige que l'on y pèse dessus par les deux bouts.

(1) Voir la planche nº 2.

On la soumet au travail en colletant l'âge ou cambette avec une certaine précaution et par des efforts continuels du laboureur aux mancherons.

Aussi bien qu'elle soit ajustée, elle n'a point de glissant dans sa ligne horizontale, elle tâtonne constamment quand elle fonctionne, la pointe du soc fait dans le sol ce que fait le doigt sur le tambour de basque; elle est totalement privée de jeu de haut en bas et de bas en haut.

Les mancherons sont des bras de levier où le laboureur est sans cesse appuyé pour la forcer à l'entrure ; tous les mouvements qu'il fait la roidissent et augmentent la peine du tirage.

Parce qu'elle a plus de hauteur à l'avant-corps que celle sans avant-train, et plus d'ouverture entre sa ligne horizontale et celle de la cambette, on la croit moins sujette à s'engorger.

Les laboureurs qui en font usage croient qu'elle est plus facile à régler ; ce n'est que l'habitude qu'ils en ont qui les fait parler ainsi. Les nouveaux instruments sont soumis à des principes plus sûrs et bien plus commodes.

Pour faciliter le laboureur qui s'y abandonne pesamment dessus, il faut qu'elle ait les mancherons plus bas que celle sans avant-train.

Le régulateur de cette charrue est une pièce de bois fixée sur l'essieu ; il peut avoir différentes formes, chacun l'arrange à sa manière. Lorsque les avantages sont les mêmes, on doit préférer les méthodes les plus simples, parce qu'elles sont plus faciles et plus économiques.

Le régulateur fixé sur l'essieu doit être percé horizontalement de plusieurs trous et, au moyen d'une cheville en fer, on dirige la cambette à droite ou à gauche selon le besoin.

Le tirage doit passer sous l'essieu ; on donne de l'entrure en allongeant la chaîne de quelques anneaux de plus ; l'on en retranche lorsqu'on veut que la charrue s'enfonce moins.

La pression aux mancherons par le laboureur, le frottement de la cambette sur le régulateur sont des causes qui la roidissent, la rendent exigeante et pénible à gouverner.

Si j'avais une exploitation agricole à conduire, jamais je ne me servirais de la charrue sur avant-train, elle exige plus d'un cinquième de force de tirage que celle sans avant-train.

—

DE QUELQUES DIFFICULTÉS QUE L'ON RENCONTRE AVEC
LA CHARRUE SUR AVANT-TRAIN. — COMMENT ON PEUT
LES RECONNAITRE. — MOYENS DE LES CORRIGER.

Il y a quelque temps, un de mes amis vint me trouver à mon atelier et me dit : Mon cher, j'ai une charrue qui m'a coûté beaucoup d'argent et qui n'a jamais bien fonctionné. Je l'ai fait retoucher plusieurs fois par nos maréchaux, je ne suis pas plus avancé ; c'est toujours un bien mauvais instrument ; on s'en sert en ce moment pas bien loin d'ici, si tu voulais te donner la peine de venir la voir fonctionner tu m'obligerais. Je voudrais savoir s'il y a un moyen de la rendre bonne, ou si je dois y renoncer.

Il faut vous dire que je suis souvent invité pour des opérations de cette nature ; je les accepte avec plaisir, dans l'intention de m'instruire, et je tâche de ne jamais les abandonner sans indiquer le moyen de surmonter les difficultés.

Je quitte mon atelier et j'accompagne mon ami au lieu où fonctionnait l'instrument en question. Nous abordons le laboureur ; je lui demande de quoi il se plaint (ce bouvier a plus de quarante ans, il n'a pas fait d'autres métiers, c'est un bon laboureur). Je m'impatiente, me répondit-il, j'ai beaucoup de peine pour mal faire, dans un terrain qui, comme vous le voyez, est facile à labourer. Cette charrue m'entraîne continuellement dans la raie, elle ne veut pas glisser, je ne puis pas la mettre d'aplomb, elle lève le talon d'un pan et le talon frotte toujours contre le terrain qui n'est pas travaillé ; je vous assure que c'est un bien mauvais instrument, il vaudrait mieux être au diable qu'après une charrue comme celle-là.

Allons, voyons, faites tirer, s'il vous plaît. Je

descends dans la raie et je regarde marcher la charrue et celui qui la conduit. Arrivé au bout du sillon, je la mets d'aplomb, je l'examine : sa forme n'était pas bien éloignée des principes réguliers.

Nous ne pouvons pas présentement nous rendre compte si la charrue a quelque défaut, mais, ce qu'il y a de positif, c'est que pour le moment c'est l'avant-train qui vous contrarie ; faites marcher et je vous l'expliquerai.

La charrue étant mise de nouveau en terre, je dis au laboureur : Regardez votre avant-train, voyez la cambette dans quelle direction elle est ; au lieu d'être dirigée sur la bande que vous voulez couper, elle va sur la raie ; votre charrue marche de travers, vous êtes obligé de pousser continuellement sur le versoir, l'instrument marchant sur le versoir, il faut que vous donniez plus d'entrure, c'est ce qui fait que le talon lève et frotte contre la terre non cultivée.

L'avant-train étant trop étroit, ayant le coussin fixé avec une excavation pour y retenir la cambette, il n'y eut pas possibilité de corriger instantanément la charrue, mais le propriétaire ayant parfaitement compris mes observations s'en procura un plus large qui avait la faculté de pouvoir diriger la combette à droite et à gauche, la charrue fonctionna mieux.

Le lendemain, cette même personne passa chez moi pour me dire qu'on avait suivi mon avis, que son laboureur s'était procuré un avant-train plus large qui leur avait permis de mettre la cambette comme je l'avais indiqué, qu'on l'avait placée dans la direction de la bande que l'on voulait couper, que la charrue allait mieux, qu'elle marchait d'aplomb, ne forçait plus sur le versoir, mais qu'elle levait le talon ; si nous pouvions corriger cela, mon domestique dit qu'il pourrait s'en servir convenablement.

S'il n'y a que cela qui vous contrarie, nous allons y remédier promptement. Je prends quelques morceaux de planches sous mon bras et nous nous dirigeons vers la charrue.

Aussitôt arrivés, le laboureur s'empressa de me remercier, en m'annonçant que je l'avais bien soulagé, que sa peine était diminuée de plus de moitié, mais que cela n'empêchait pas la charrue d'aller de pointe, de lever le talon, un peu moins qu'auparavant, et qu'il lui était arrivé de se servir d'autres charrues dont le talon glissait parfaitement sur le sol.

Faites marcher, nous allons voir.

La charrue levait le talon, l'avant-train ne pouvait élever le coussin, je fis arrêter je mets une pièce de bois de trois centimètres d'épaisseur sur le coussin où appuie la cambette ; nous faisons marcher à nouveau. Eh bien! comment ça va-t-il ?

Il y a du mieux, me répondit le laboureur ; lorsque nous eûmes fait quelques pas. Je prends

les mancherons, je sens que la charrue a encore
un peu trop d'entrure, j'arrête les animaux,
j'ajoute une planche de trois centimètres d'épaisseur sur celle qui était déjà placée, nous faisons
avancer : la charrue s'appuie sur le talon et elle
glisse ne tâtonnant plus.

Je la remets au laboureur, et lorsqu'il eut fait
quelques pas il se mit à dire : A la bonne heure,
maintenant cela va bien, nous pouvons travailler
sans nous inquiéter.

Pour faire comprendre au laboureur que si la
charrue était plus relevée elle ne s'enfoncerait
pas assez, je remplace les deux pièces de bois
qui avaient ensemble six centimètres d'épaisseur,
par une seule qui en avait dix, la charrue se trou-
vant trop relevée manque d'entrure et refuse
de s'enfoncer.

Alors, je dis au laboureur : Vous concevrez
maintenant que lorsque une charrue lève le
talon, c'est qu'elle a trop d'entrure et que quand
elle ne peut pas s'enfoncer dans la terre, qu'elle
glisse sur le cep sans pouvoir mordre le sol,
elle n'en a pas assez. Ainsi, il y a donc un milieu
entre ces deux points, qu'il faut que le laboureur parvienne à connaître sans avoir besoin de
dépenser une grande intelligence.

Le laboureur replaça promptement les deux
premières pièces de bois qu'il fixa avec une la-
nière et continua son travail beaucoup plus gai
qu'auparavant.

D'autres causes peuvent aussi contrarier une bonne charrue et l'empêcher de fonctionner commodément : par exemple, lorsque le soc est usé le biseau se forme dans un sens inverse à celui que l'on avait donné en premier lieu, et alors, pour peu que le terrain soit dur le soc refuse de couper. Pour forcer votre charrue à s'enfoncer, vous donnez plus d'entrure qu'il n'en faut ; elle lève le talon et va de pointe. Cela pourrait arriver aussi avec un soc neuf s'il portait à plat sur le sol et que la partie de la lame qui doit couper la terre fût relevée au lieu d'être courbée..

CHAPITRE V.

—

DE LA CHARRUE DE M. DE DOMBASLE APRÈS L'AVANT-TRAIN.

Les cultures que faisait la charrue de M. de Dombasle étaient tellement supérieures aux nôtres que je ne restai pas longtemps à en avoir une. J'eus quelques difficultés pour obliger mes domestiques à s'en servir ; plus d'une fois je fus obligé de mettre les mains aux mancherons pour leur prouver que bien souvent ils manquaient de bonne volonté.

Comme à cette époque je n'étais pas plus habile que mes collègues, que je faisais les mêmes fautes qu'eux, je me laissais aller comme eux dans l'entraînement des vieux usages, dans les habitudes contractées par ignorance. Je me laissais surprendre par les circonstances, et j'arrivais sans savoir comment aux travaux pénibles, sans avoir compris que c'était par ma faute et sans avoir réfléchi aux avantages que je retirerais en apprenant à les éviter.

Arrivé aux époques où les terres sont difficiles à entamer, j'éprouvais moi-même en maniant les instruments quelques difficultés, qui n'étaient pas insurmontables, mais qui eussent exigé ma présence continuelle pour être surmontées par des domestiques. Lorsque j'étais obligé de m'absenter, les difficultés n'étant point vaincues, j'éprouvais une perte de temps à laquelle il fallait promptement remédier, afin que de mauvaises habitudes ne s'introduisissent pas. Une autre cause, et qui n'était pas la moindre pour contrarier le mérite de cette charrue, c'était quand elle avait besoin de la plus légère réparation.

Lorsque cet instrument passait par les mains de nos maréchaux, il n'y avait plus moyen de s'en servir ; n'ayant pas l'habitude de ces réparations, ils n'observaient pas la régularité des lignes prescrites par les expériences.

Cependant, les labours exécutés par cette charrue étant plus énergiques que ceux que je faisais avec les miennes, je persistais à m'en servir, et un jour que mes anciens instruments étaient tous en désarroi, qu'il ne me restait que celui de M. de Dombasle qui fût en état de fonctionner, je résolus d'essayer plusieurs moyens pour parvenir à m'en servir pour tous mes labours.

J'avais compris que les avantages de cette charrue consistaient dans l'action du tirage qui se produit d'une tout autre façon que celui des charrues sur avant-train; l'action du tirage est flexible et il soulève continuellement l'âge; le tirage soulevant l'âge produit un avantage immense. Remarquez que ce jeu de haut en bas et de bas en haut aidé par les mouvements du laboureur aux mancherons dégagent sans cesse la charrue et la maintiennent sur un aplomb régulier. Il était important de trouver les moyens de conserver ce jeu et de s'en servir dans les terrains difficiles.

Mes domestiques, voyant ma résolution, souriaient de mon entreprise; je me dirige avec eux à l'endroit où il fallait exécuter l'opération; le terrain était passablement dur. Arrivé sur le champ d'épreuve, j'attache une corde au régulateur de la charrue, à laquelle je donne une longueur d'environ un mètre vingt, je fixe l'autre bout à l'essieu de l'avant-train, et ainsi emmanché je prends les marcherons et j'ordonne que l'on mette l'attelage en mouvement. Le résultat obtenu du premier coup, ne fut pas très favorable ; malgré mes efforts aux mancherons la charrue plonge dans la terre ; je fais arrêter, pendant que mes domestiques riaient du mauvais succès, je raccourcis la corde du tirage afin d'arriver à empêcher l'instrument de prendre trop d'entrure. Je me remets aux mancherons, j'ordonne de l'avant ; j'éprouve du soulagement ; je persiste et je parviens à régler la charrue en déterminant la longueur de la corde ; je laboure assez de temps pour confirmer mes domestiques dans l'idée que cette méthode pouvait être bonne.

Je ne quitte pas la charrue sans les faire essayer tous les uns après les autres, et comme ils étaient tous bons laboureurs, convaincus que le labour que je venais de faire était de recette, ils exécutèrent tout aussi bien que moi ; et dans la suite ils convinrent que cette adoption au tirage avait pour résultat de pouvoir régler l'instrument sur des bases plus solides et moins chancelantes que celles confiées au dos de l'animal du limon.

Il en arriva que, dans peu temps, aucun de mes domestiques ne voulut se servir de la charrue sur avant-train, c'est-à-dire de notre ancienne charrue à timon roide ; tous me demandaient des charrues à la Dombasle avec la faculté de les metttre après l'avant-train.

Ils réglèrent mieux leur instrument, et le laboureur n'avait pas à combattre les variations du tirage causées par la bête du timon lorsqu'elle est tourmentée par les secousses de celles de devant.

Les réparations de mes charrues étant faites, je les fis fonctionner à côté de celles qui étaient après l'avant-train, il y eut une bien grande différence dans le résultat. Je mettais cinq chevaux à celles sur avant-train, lorsque celle qui était après n'en avait que quatre ; cette dernière marchait beaucoup plus vite, labourait plus profondément et coupait la bande plus large. Ainsi, avec cette modification, la charrue après l'avant-train conserve toutes les facultés de celle sans avant-train. Sur ce point de supériorité qu'avait la charrue de M. de Dombasle, je raisonnai mes domestiques et je parvins à leur prouver que nul homme, dans quelque condition qu'il puisse être, ne peut conserver sa dignité, s'il ne cherche pas à imiter ceux qui donnent de bons exemples, et que ceux qui restent ignorants par leur propre volonté, sont des êtres nuls qui descendent au rebut de la société.

En présence d'un labour qui venait d'être exécuté, je les priai de s'abstenir de paroles inutiles ; qu'en fait de charrue, celui qui émet une opinion, doit, l'instrument en main, la soutenir. Car tout ce que les agriculteurs et les laboureurs peuvent débiter en pareille matière est chose vaine s'il n'est confirmé par le succès.

J'ai toujours dit à mes domestiques que, comme eux, je pouvais me tromper, qu'ils m'obligeraient de me donner des explications quand ils s'apercevraient que cela m'arrive ; que mes intérêts sont mêlés avec les leurs, eux pour bien faire ce qu'ils me doivent, et moi, de mon côté je dois le leur demander poliment, par les moyens les plus faciles et les moins pénibles. Qu'en progrès agricoles je suis bien convaincu que rien ne peut réussir si, en premier lieu, on ne prend pour base l'allègement de celui qui tient les mancherons. Que, de leur côté, leur devoir était de me seconder dans toutes mes tentatives d'amélioration : et qu'ainsi je ne voyais pas pourquoi ils se refusaient de se servir d'un instrument qui est à mon avantage de toutes les manières, puisqu'il fait plus d'ouvrage, mieux et avec moins de force de tirage ; et que je n'exige d'eux qu'une seule chose qui est absolument dans leur intérêt : celle de faire usage de leur intelligence, que cela seul doit diminuer leur peine et les mettre quelquefois en garde contre ceux qui veulent profiter de leur ignorance pour en faire des dupes. Oui, en plusieurs circontances celui qui ne veut pas réfléchir devient l'instrument de l'homme rusé et artificieux.

Les plaintes de ceux qui prétendent avoir plus de peine avec les nouveaux instruments sont mal fondées ; l'agriculteur capable ne doit point les écouter. L'instrument exige seulement que le laboureur sache le diriger. Là est toute la science, il n'y a rien de plus à faire.

Le succès que j'ai obtenu en mettant la charrue de M. de Dombasle après l'avant-train, m'a fait découvrir comme je l'ai dit plus haut que l'on pourrait la régler sur des bases plus solides et moins vacillantes que celles confiées au dos de l'animal du timon, tout en conservant les avantages de la flexibilité du tirage. On l'organise au moyen d'une chaine en fer d'environ un mètre de longueur, dont l'un des bouts s'adapte à l'essieu, l'autre au régulateur. Lorsque les terres sont faciles à labourer, la longueur du jeu ne nuit pas, il faut bien se persuader que c'est dans la flexibilité de haut en bas et de bas en haut que réside le mérite de la charrue sans avant-train, l'action du tirage qui soulève l'âge l'empêche de s'engager ; le laboureur la tient constamment sur le cep ; l'instrument coupe légèrement et ne déchire pas.

Quand la charrue fonctionne, si vous voulez obtenir plus de profondeur vous allongez le tirage en augmentant le nombre d'anneaux ; par ce moyen la charrue s'enfonce ; si vous labourez trop profondément vous raccourcissez la chaîne, alors l'instrument a moins d'entrure, il monte.

Le maniement de cette charrue est le même que de celle sans avant-train ; la marche est aussi la même, il n'y a absolument que l'avant-train de plus à tirer ; l'instrument, quand il fonctionne, est soulevé par le tirage, il trace sa ligne horizontale en glissant sur le cep. Le tirage des animaux partant de l'avant-train est plus élevé que venant de l'âge, conséquemment il pèse moins sur les animaux du timon ; de la manière dont la charrue est attachée, elle est toujours tendue, elle n'éprouve point d'ébranlement ; quoique l'attelage soit nombreux et les terres difficiles à entamer, les secousses du tirage s'arrêtent à l'essieu, elles ne sont point ressenties aux mancherons par le laboureur.

Ce moyen peut être employé avec succès partout où l'on pourra labourer avec des charrues sur avant-train.

Les deux systèmes que je viens d'indiquer pour faire usage de la charrue de M. de Dombasle ne permettent pas au bouvier d'être insouciant ni de s'abandonner pesamment sur les mancherons ; il est obligé, au contraire, d'être attentif, de marcher droit, de faire jouer l'instrument dans ses mains, mais par des mouvements bien plus aisés que ceux qu'exige la charrue sur avant-train.

Avec la charrue du pays il peut s'abandonner

7

sur les mancherons et regarder les allants et les venants, mais s'il a peu de souci il en résulte pour son travail un bien médiocre succès. Le succès, cela ne regarde pas le domestique, il est toujours indifférent pour le succès, comme pour la peine qu'éprouvent de plus les animaux. Aussi, si l'œil du maître n'est pas ouvert, il se jette sur les mancherons à moitié endormi, la charrue fonctionne bien ou mal, cela ne l'inquiète pas, il ne se croit obligé que de tracer des sillons et rien de plus ; voilà ce qu'est un domestique qui n'est pas dressé ; s'il fait mal il ne le prend pas sur son compte, il accusera le maître de lui avoir donné de mauvais instruments. Il n'est pas d'usage qu'un domestique s'occupe de les régler, ni d'en connaître la régularité des lignes, la théorie.

La charrue de M. de Dombasle est bien plus facile à manier et a de plus toutes les commodités pour la régler, mais le domestique sans instruction est toujours dans le doute, ce n'est qu'en mettant les mains aux mancherons en leur présence qu'on peut les convaincre, les paroles ne suffisant pas pour lui donner une certitude ; les faits seuls le peuvent et il est utile de les renouveler de temps en temps.

Quand j'ai dit pour la première fois que la charrue sans avant-train, ou après avait de grands avantages sur la charrue à timon roide, on a blâmé mes idées, et l'on m'a dit : quand viendra l'été, que les terres seront dures, tu nous montreras si tu as raison, et pour me faire avoir tort on me montrait des terres qui étaient impénétrables à quelque instrument que ce fût.

—. Pensez-vous que ce soit maintenant qu'il faille faire ces labours ; croyez vous que si l'on y était venu quand c'était le moment, que les terres étaient friables on aurait plus mal fait ?

— Mais si on n'avait pas le temps.

— Parlons, s'il vous plait, avec calme, réfléchissons bien. Ayons en premier lieu le désir d'alléger la peine du pauvre diable ; prouvons ce que nous avançons par des faits et non en haussant la voix.

Je vous déclare que j'ai été ignorant et que je ne suis pas encore bien habile ; je me suis occupé de ce dont je vous parle ; voici ce que j'ai trouvé qui me paraît préférable à notre vieille routine :

L'agriculteur qui n'a pas les attelages suffisants pour le terrain qu'il a à cultiver, est dans une mauvaise position : il a beaucoup de peine, fait peu, mal, dépense plus et produit moins. Mais celui qui a tout ce qui lui est nécessaire pour exploiter son domaine, doit avoir soin de disposer ses travaux pour être toujours prêt quand le moment de les faire arrive ; parce qu'alors il fait beaucoup, bien, n'a point de peine et produit davantage.

Ainsi, celui qui ne fait pas ses labours en temps voulu, ne peut, à mon avis, avoir des excuses valables ; car, selon les règles de la bonne agriculture, il y a des époques déterminées pour faire les cultures et si l'on n'en profite pas, l'on doit s'attendre à une augmentation de peine et à un déficit dans les recettes.

J'aimerais bien de savoir si lorsqu'un agriculteur va visiter un champ de blé qui devrait se couper le lendemain, il dirait : je n'ai pas le temps, je ne puis y venir que dans huit jours. Il ne dirait pas cela, j'en suis certain, parce qu'il sait positivement qu'il s'exposerait à une grande perte ; au contraire, il se met en mesure d'aller moissonner son blé le lendemain.

Eh bien ! mes collègues, souvenez-vous que quand vous apporterez la même attention dans la direction de tous vos travaux agricoles, vous diminuerez votre peine de beaucoup, vos cultures, faites en temps opportun, seront meilleures et vous coûteront moins, vos récoltes seront plus sûres et plus abondantes.

Je suis tellement pénétré de cette vérité que je crois que celui qui, par ignorance, ou par de fausses combinaisons ne profite pas des moments que les règles de l'art ont prescrits, et qui, continuant dans la vieille routine, se laisse surprendre et ne fait ses cultures que lorsque la terre est difficile à travailler, devrait être condamné à une redevance envers ses domestiques, comme ayant manqué d'ordre, de célérité et avoir abusé de leur santé. Car il ne faut pas croire que cet homme, que la nécessité a mis sous votre dépendance momentanée, vous doive tout et que vous ne lui deviez rien qu'un salaire. Devant les lois de la nature il est votre égal ; tout ce qui attaque ce principe est de l'arbitraire. Si votre vanité vous met au-dessus de lui, songez que le chef a plus de devoirs à remplir qu'un soldat, et que vous devez inspirer à cet homme simple, par votre conduite envers lui, des principes d'humanité et d'honnêteté.

Le système qui établit des chefs pour que l'on se prosterne devant eux est mauvais, il dégrade l'homme : c'est l'orgueil d'un pouvoir arbitraire pour qui l'humanité est morte. C'est absolument le fanatique qui met sa foi dans les images, devant lesquelles il se prosterne pour obtenir le pardon de ses sottises.

Oui, messieurs, les trois-quarts des agriculteurs rencontrent des difficultés qu'ils se créent par leur faute et pour n'avoir pas réfléchi sur les moyens de les éviter. J'ai la satisfaction de voir que dans mon village ces mauvaises coutumes disparaissent, que chacun se met en mesure de profiter des moments où l'on fait beaucoup sans se fatiguer. L'on comprend que les uniques ressources pour faire de l'agriculture productive sont les bons instruments et les labours énergiques.

DU ROULEAU

Voilà un bien bon instrument, me disait un jour une personne au moment où nous passions devant l'atelier d'un forgeron, en me montrant un magnifique rouleau ayant deux rangs de pointes. Oui, monsieur, c'est unbon instrument, mais il faut éviter autant que possible les occasions d'en avoir besoin.

Je ne vous comprends pas, monsieur. Vous me dites que c'est un bon instrument, mais qu'il ne faut pas s'en servir.

Eh ! certainement, vous savez, ou du moins vous devriez savoir, que les meilleures cultures sont celles qui divisent le mieux la terre ; or, quand vous faites des mottes vous ne la divisez pas, ces mottes vous coûtent beaucoup de force pour les faire et du temps pour les briser. Ainsi, celui qui par ses soins et son intelligence parvient à ameublir son sol avec des labours sans avoir recours au rouleau, fait mieux et dépense moins.

CHAPITRE VI

—

CHARRUE A DEUX BÊTES

La charrue à deux bêtes est un instrument d'une dimension moyenne, sans avant-train, qui remplace avantageusement l'araire ; le maniement n'en est ni pénible, ni difficile. Il est urgent de la régler de manière que lorsqu'elle fonctionne elle marche parfaitement d'aplomb ; sans cette précaution elle ne peut ni couper, ni reverser régulièrement.

Les mancherons sont, pour ce genre d'instrument, des bras de levier d'une commodité avantageuse ; ils doivent être droits et ne point fléchir, parce qu'un levier droit fait plus de force qu'un levier courbe.

Par l'action du tirage la charrue est continuellement soulevée ; les mouvements que fait le laboureur aux mancherons tendent toujours à la faire glisser sur le cep par un jeu de mains facile, de haut en bas, et de bas en haut, ce qui dégage l'instrument. Il vaut mieux le pousser en avant que de peser dessus, il n'y a ainsi aucun frottement et aucune force de perdue.

Pour qu'un laboureur parvienne à la bien régler, il doit, quand il tient les mancherons, étudier de quel côté l'instrument veut l'entrainer. Ainsi, si la charrue coupe la bande trop large, il faut diriger le régulateur à gauche, on la ramène ainsi sur son aplomb ; si elle coupe la bande trop mince, inclinez le régulateur à droite jusqu'à ce que l'âge (ou cambette) arrive dans la direction de la bande que l'on veut couper : si elle s'enfonce trop, qu'elle plonge dans la terre, descendez le tirage au régulateur de un ou plu-

sieurs crans ; on peut aussi raccourcir le sur-dos
(ou suffre) les traits ; l'instrument glisse alors
sur le cep ; si elle ne s'enfonce pas assez agissez dans le sens contraire, montez le tirage au
régulateur, allongez le sur-dos, les traits jusqu'à
ce que le soc morde le sol en glissant.

Le laboureur qui se sert de cette charrue doit
marcher droit et vouloir aller plus vite que l'instrument, afin de le soulever, le pousser ; toutes
les fois que le laboureur le soulève l'attelage
ressent un soulagement, il accélère le pas ; s'il
est urgent de peser sur les mancherons, on doit
le faire par un mouvement très-doux, et pour
le ramener encore à glisser ; l'attelage est de
nouveau soulagé ; ainsi, tous les exercices que
le laboureur est dans la nécessité de faire tendent à soulager les animaux. (1)

Un instrument à timon roide (2) est insensible
à cette manœuvre, tous les exercices du bouvier
aux mancherons augmentent la peine du tirage.

(1) Que les animaux fatiguent plus ou moins ce n'est
pas l'affaire du valet ; il y est insensible et indifférent ;
les bayles y sont aussi peu sensibles.

Mais pour le propriétaire laboureur, c'est autre chose,
car il sait bien que si ses animaux se fatiguent moins,
ils s'useront moins vite et lui dépenseront moins de
nourriture.

(2) On appelle instruments à timon roide, ceux dont
l'âge est d'une seule pièce et se fixe sur un point d'appui ;
tous ceux aussi qui sont privés de jeu de haut en bas
et de bas en haut.

Ainsi, un araire, un fourcas, une charrue sur avant-
train sont des instruments à timon roide.

Pour un laboureur qui travaille sans goût comme la plupart des valets de ferme qui ne sont pas dressés, la charrue sans avant-train est un grand embarras. Ne s'occupant pas du tout du soulagement des animaux, il se plaint uniquement de tous les procédés qui changent ses habitudes. Parce que l'instrument ne lui permet pas de dormir il s'imagine que c'est à son détriment que les animaux sont soulagés : on l'empêche de s'appuyer sur les mancherons, et de plus on l'oblige à avoir souci de ce qu'il a à faire. Il ne comprend pas que cette surveillance diminue sa peine et que c'est le recours à son intelligence qui lui fera éviter les obstacles et diminuer son labeur.

Un valet de ferme est un individu dans une condition analogue à celle du soldat, avec la différence que ce dernier a été préparé pour ce qu'il doit faire, et qu'à la voix de son chef il exécute parfaitement ce qu'on lui commande. Le valet de ferme est un homme isolé à qui l'on n'a rien appris, et à qui l'on ne se croit pas tenu de rien enseigner. Ainsi, si vous ne lui apprenez rien, vous n'aurez que le travail d'un ouvrier indifférent et maladroit.

Dans la position où en sont les choses, le bayle ne peut pas montrer ce qu'il ne sait pas lui-même ; de là, une divergence d'opinion règne dans les grandes exploitations entre les bayles et les valets, qui ralentit le progrès.

Si celui qui commande avait fait un apprentissage, il comprendrait que ceux qui sont sous ses ordres ont besoin d'être exercés, et au lieu de prendre la voie de la rigueur, pour obtenir ce qu'il désire il ferait mieux de s'assurer s'ils le comprennent.

Les choses sont à un tel degré d'ignorance qu'un bayle ne se croit pas obligé de démontrer ce qu'il veut, le valet n'ose pas lui demander des instructions dans la crainte d'être brusqué.

Le supérieur qui n'a point de savoir exige avec dureté, et croit ne pouvoir parler que sur ce ton. C'est la manie de l'ignorant qui est chargé de diriger une exploitation ; parce qu'il ne sait rien enseigner à ses subordonnés, il s'imagine y suppléer par des menaces.

Pour peu qu'un agriculteur réfléchisse sur son art, il s'apercevra bientôt que les hommes qui sont destinés à être valets de ferme sont sans expérience, et aussi simples que des enfants ; qu'il faut les prendre par la main, les diriger, afin d'obtenir d'eux un service proportionné aux soins que l'on aura apportés pour les former. Rester dans les bornes des vieux usages, c'est continuer l'ancien régime, l'ignorance.

La faculté d'enseigner, n'appartient qu'à celui qui sait. Or, où est le bayle, où est le propriétaire qui connaissent le mécanisme des instruments, la théorie et la pratique ; cela est tellement rarc que je me trouve embarrassé pour citer un exemple. N'est-ce pas honteux que pas un de ceux qui manient les charrues n'ait jamais connu aucune notion de ce mécanisme, et que tous ceux qui labourent, en général, soient dans la confusion en présence d'un instrument, toutes les fois qu'un obstacle se présente ; une semblable absurdité doit-elle continuer. Oh non ! et quand on trouvera les moyens de la faire cesser, on rendra un grand service à l'agriculture.

On emploie la charrue à deux bêtes pour les cultures secondaires, c'est-à-dire que, lorsqu'on a donné une façon à un champ avec quatre ou six bêtes en février ou mars, les labours accessoires que l'on est dans la nécessité de faire pour empêcher les mauvaises herbes de croître dans les guérêts, doivent être pratiqués avec cet instrument, préférablement à l'araire.

Généralement, les agriculteurs font très-peu de cas de la théorie, c'est aussitôt oublié qu'entendu : les exemples seuls font de l'effet, encore faut-il les renouveler souvent, et avec une certaine retenue qui ne froisse pas leur amour-propre.

Il faut en convenir, dans toutes les classes de la société le nombre de ceux qui sont assez sages pour avouer de bonne foi qu'ils se sont trompés est infiniment petit. Ainsi, prouver au premier abord à un agriculteur qu'il s'est trompé, c'est le blesser.

Il est probable que le premier qui s'avisera, aux environs de Nimes, de donner la façon qui se pratique avant les semailles (celle que l'on appelle vulgairement *remoïre*) avec une charrue à deux bêtes organisée, non-seulement ne sera pas approuvé, mais peut-être sera-t-il tourné en ridicule.

Cependant les curieux, qui ne sont pas tout-à-fait dépourvus de raison, voudront connaître ce qui est nouveau, se consulteront intérieurement, et comme en cette matière tout est du ressort des yeux, la différence du labour étant si grande, seront obligés d'avouer que la charrue à deux bêtes fait plus d'ouvrage et dans des conditions meilleures que l'araire ; ils examineront ensuite la forme de l'instrument et comment on l'attèle.

Il ne sera pas bien difficile de reconnaître que les moyens pour atteler ont été étudiés, qu'ils sont ingénieux, raisonnés ; les animaux ne sont point gênés pour développer leur force ; ils ne sont pas non plus exposés aux écorchures que cause le joug, puisqu'il est supprimé.

En comparant cette méthode à celle dont on se sert pour atteler l'araire, on verra qu'il n'y a aucune ressemblance. Le joug en bois que l'on appelle *escalette* soumet les pauvres bêtes à une servitude gênante, grossière ; c'est l'œuvre du rustre, qu'il tient du bisaïeul de son grand-père. Pourquoi ne cherche-t-il pas les bons procédés? Parce qu'il croit son amour-propre blessé. Il est toujours en garde contre les animaux, comme s'il attelait des bêtes sauvages, dans la crainte qu'elles ne lui échappent.

Comparez ensuite deux laboureurs travaillant l'un à côté de l'autre; il semble que celui qui manie la charrue à deux bêtes est un homme de bureau, un monsieur qui essaye de labourer pour se distraire: il marche parfaitement droit, par intervalle il imprime de petits mouvements de haut en bas et de bas en haut pour soulager les animaux; par ce jeu l'instrument est libre et ne s'engorge pas.

Tandis que celui qui conduit un araire est pesamment courbé sur le mancheron, sur lequel il appuie quelquefois les deux mains; à certains moments cela ne suffisant pas il met le pied dessus; lorsque ce cas se présente celui qui tient la charrue au lieu de peser dessus doit la soulever, agiter les mancherons, et l'instrument glisse sans peine. Il est obligé d'avoir un outil d'une main qu'il appelle *darboussade* et dont il se sert sans cesse pour le dégorger, et malgré cela l'araire n'est jamais dans des conditions assez libres pour pouvoir glisser.

Quand je vais à Nimes, je traverse un terrain fertile qu'on appelle la *Vistrenque*, où je vois cultiver les terres avec l'araire; j'en ris de pitié et je me demande si dans cette localité pas un agriculteur n'est sorti de son trou, car il est impossible qu'aucun d'eux n'eût été assez curieux pour examiner si ses frères d'au-delà font leurs labours avec des moyen différents, et il lui serait certainement venu dans la pensée de comparer cette méthode avec la sienne. Il est probable qu'un agriculteur intelligent se serait demandé de quel côté était l'avantage ; et il aurait incontestablement apporté à ses compatriotes la charrue à deux bêtes ; la révocation de l'araire serait prononcée il y a longtemps.

Je connais pourtant dans cette localité des agriculteurs qui ont du goût et ne sont pas sans connaissance ; est-ce que l'âge aurait émoussé leur zèle ?

J'ai vu cette même anomalie à Aimargues, Saint-Laurent, Marsillargues.

Je ne pense pas qu'un agriculteur, parmi ceux qui se servent de l'araire, ose proposer un défi à la charrue à deux bêtes, car il aurait perdu d'avance. En agriculture les paroles ne sont pas des preuves palpables, et c'est l'instrument en mains que l'on devrait éclairer les questions.

Si nos vieilles habitudes n'ont pas reçu le châtiment qu'elles méritent, c'est que Messieurs les membres des sociétés d'agriculture, ainsi que les grands terriens, ne nous supposent pas aussi ignorants que nous ne le sommes. Parce que nous faisons ce métier de père en fils, ils pensent pouvoir nous adresser quelques questions et s'en rapporter à nos réponses ; ils se méprennent. Chez les agriculteurs on ne connaît pas la valeur du mot perfectionner, il n'est pas encore dans notre dictionnaire. Nous ne savons rien de bien positif, nous marchons à tâtons et nous ne voulons pas sortir de là, nous précautionnant surtout contre les moyens qui pourraient nous instruire. Souvent nous énonçons des choses que nous n'avons point examinées. J'ai plus d'une fois entendu des propriétaires importants soutenir et enseigner des absurdités qu'ils tenaient de leur bayle, ou d'autres individus de la campagne.

CHAPITRE VII

—

DE LA CHARRUE SUR AVANT-TRAIN, COMPARÉE
A CELLE SANS AVANT-TRAIN.

L'agronome qui ne sait pas manier la charrue, et qui tient à savoir quel est le laboureur qui fatigue le plus, n'a qu'à en examiner deux, labourant l'un à côté de l'autre, il s'apercevra que celui qui conduit la charrue sans avant-train, ou après l'avant-train, marche parfaitement droit, a des mouvements très aisés, maintient l'instrument sur son aplomb, ayant l'attention de le soulever, de le pousser en avant. Tandis que celui qui se sert de celle sur avant-train est obligé d'être constamment courbé sur les mancherons pour forcer l'instrument à l'entrure.

Lorsque la charrue aborde un endroit difficile, celui qui a celle sans avant-train, par le jeu de haut en bas et de bas en haut tient l'instrument libre et aide l'attelage.

Dans ces mêmes conditions celui qui dirige colle sur avant-train est dans la nécessité de peser plus fortement sur les mancherons, alors la peine du tirage augmente ; le laboureur excite les animaux à tirer plus fort, il ne peut faire aucun mouvement pour les aider, mais le fouet est là pour y suppléer.

Pour se bien rendre compte du glissant de l'une et de l'autre ; lorsque la charrue sans avant-train est réglée pour fonctionner, sans y rien toucher et en pesant un peu sur les mancherons, on peut la faire glisser sur la superficie du sol d'un bout à l'autre d'un champ sans qu'elle plonge dans la terre ; ainsi, le glissant qu'elle a sur la surface du sol, elle en jouit quand elle fonctionne, parce que, le tirage soulevant la cambette, la charrue ne peut pas tâtonner. Il n'est pas possible d'obtenir ces mêmes avantages avec celle sur avant-train.

Quel que soit le moment que vous choisissiez

pour arrêter l'attelage, la charrue sans avant-train n'est jamais embarrassée ; s'il faut avancer de nouveau le laboureur peut, avec facilité, aider l'attelage. Il n'en est pas ainsi avec la charrue sur avant-train ; quand vous l'arrêtez, elle demeure attachée à la place où elle est ; lorsque vous voulez la faire avancer le laboureur ne peut pas aider l'attelage, c'est par un effort de collier qu'on la détache.

La supériorité de la charrue sans avant-train tient aussi à sa forme. Sa ligne d'entrure est parallèle à celle de l'âge ou cambette. Ainsi, plus la construction d'une charrue s'éloigne des parallèles, plus elle a de l'arrachement, plus elle exige de force de tirage. La pression aux mancherons par le laboureur, le frottement de la cambette sur son support sont des causes qui roidissent la charrue sur avant-train, la rendent exigeante et plus dure à gouverner.

La charrue sans avant-train fonctionne librement sans que l'on y pèse dessus d'aucun côté ; sur celle à timon roide, il faut peser dessus par les deux bouts ; la première c'est par un jeu d'adresse qu'on la dirige ; la seconde est soumise à un attachement au support, et c'est par un développement continuel de force musculaire aux mancherons qu'on la fait fonctionner.

Pour toutes les charrues en général, quand les terrains sont durs, il convient que le soc soit court, bien tranchant et qu'il ait peu de lame ;

dans les terres faciles des proportions plus amples ; se servir de socs neufs.

Malgré les progrès que l'on a faits dans la construction des charrues, il existe une différence dans la force du tirage qui est au moins d'un cinquième en plus pour la charrue sur avant-train. Cette même cause se produit sur tous les instruments à timon roide.

Je crois devoir prévenir les grands terriens que, pour les expériences, on ne doit pas s'en rapporter aux domestiques. Ce sont les agriculteurs propriétaires qu'il faut consulter, car leur intérêt les oblige à se rendre compte eux-mêmes en maniant les charrues. Pourvu qu'ils aient de la bonne volonté, et surtout l'intention d'être justes dans leur appréciation ; car, il vaudrait mieux avouer de bonne foi que l'on ne comprend pas, plutôt que d'émettre une opinion dont on ne peut fournir la démonstration par un raisonnement solide et éclairé. Il s'agit de réaliser un intérêt certain, faire plus d'ouvrage, mieux et avoir moins de peine.

Encore un mot sur les charrues.

Le peu de connaissances que j'ai acquises en maniant les instruments de labour m'a convaincu qu'on ne doit plus faire usage des charrues géantes où l'on attèle un grand nombre d'animaux. Ainsi, si l'on doit mettre huit bêtes à une charrue pour obtenir trente ou quarante centimètres de profondeur, servez-vous d'une

charrue à quatre bêtes et mettez après une défon-
cerelle de M. Bonnet, d'Avignon, également à
quatre bêtes; vous êtes sûr d'obtenir, par les
deux charrues l'une après l'autre, plus de profondeur et moins de peine, les petits instruments
étant plus maniables que la charrue géante.

CHAPITRE VIII

—

RÉFLEXIONS SUR QUELQUES PRÉJUGÉS AGRICOLES

Tous les cultivateurs savent que dans un terrain en friche les céréales ne peuvent prospérer.

On a reconnu que sans avoir déchiré la superficie du sol, il n'était pas possible d'y introduire
avec succès des semailles.

Quand on s'est aperçu qu'il fallait déchirer le
sol pour avoir un résultat, il est probable que
les agriculteurs intelligents se sont dit : si en
déchirant la superficie nous obtenons tel résultat, essayons, en déchirant profondément, d'en
obtenir davantage.

Comme aussi, l'on a dit : si en donnant une façon nous obtenons tel rendement, tâchons d'en donner deux pour voir l'effet que cela produira.

On a reconnu que non seulement les plantes que l'on voulait reproduire, mais encore les plantes sauvages, celles qui restaient attachées au sol, celles qui échappaient à l'imperfection des instruments, avaient une belle végétation après l'égratignure faite au sol.

On s'est aperçu également, quand on commença à cultiver les céréales, que là où l'instrument avait laissé le plus de mauvaises herbes, c'est-à-dire là où il avait laissé le plus de plantes sauvages, les céréales étaient tristes, pauvres, tandis que dans les endroits où l'instrument les avait détruites en partie, la récolte valait mieux, et que dans les parties où elles étaient complétement extirpées la récolte était bien supérieure. On comprit dès lors qu'il fallait détruire totalement les plantes sauvages qui occupent le terrain que l'on veut disposer pour les céréales.

Les premiers instruments étant imparfaits il fallut aussi répéter les labours, et il s'en suivit que l'on adopta ces deux principes : celui de répéter les labours pour détruire les mauvaises herbes, et celui de la multiplication des labours.

Dans les campagnes presque toute la population est adonnée à la culture ; dans les villes

elle est occupée à d'autres travaux en général.

L'agriculture étant ainsi livrée à la classe la
moins éclairée, il en est résulté plusieurs préjugés dont je vais expliquer les effets en racon-
tant ce que j'ai vu et entendu.

Chacun fait la petite histoire de sa propriété.

Chacun croit avoir raison dans sa manière
d'opérer.

Chacun débite à sa fantaisie; l'on se croit
mutuellement, et on n'approfondit rien.

Si en passant chez son voisin, un tel voit
faire un labour profond, il lui dit : — Mon ami,
prends garde, il m'est arrivé de faire ce que tu
fais, précisément dans cette terre qui touche
celle que tu cultives à présent et je m'en sou-
viendrai : je ramenai la terre amère à la surface; depuis lors, chaque fois que je sème cette
terre, je n'en obtiens que de mauvaises herbes;
il faut se méfier des labours profonds, quand les
terres n'y sont pas accoutumées; tels champs,
telles cultures.

— Par exemple, j'ai des terres dans tel endroit, eh bien! je puis les défoncer sans encourir aucun risque, à l'exception d'une seule qui
est limitrophe de M. X...; nous sommes obligé
de faire comme lui, labourer avec l'araire; si
nous y mettions la charrue, nous gâterions tout.
Il ajoute qu'un champ qu'il a dans tel quartier
peut se défoncer sans danger, mais que, quant

à plusieurs autres il est obligé de les labourer superficiellement ; que son père lui a recommandé d'agir ainsi ; qu'il en est sûr ; qu'il l'a vu ; qu'un jour, par un épais brouillard, il faisait labourer le coin de tel champ, que ce coin avait été gâté ; que la récolte avait été belle dans toute autre partie du champ, à l'exception du coin dont il s'agit, et qu'il a mis cela en écrit afin de se le rappeler. Que cependant, il lui était arrivé de labourer dans tels et tels champs aussi pendant le brouillard et que le même effet ne s'était pas produit.

Mais, tu le sais aussi bien que moi, la qualité de la terre change à tout pas, là il faut la charrue, et là il faut l'araire ; chacun son métier.

Un autre individu dit qu'il possède du même terrain et qu'il lui est arrivé d'avoir labouré immédiatement après une petite averse qui n'avait pénétré qu'à quelques centimètres, qu'ainsi il avait mêlé la superficie humide avec l'intérieur qui était sec ; que la terre avait fermenté et qu'il n'avait eu pour récolte que des pavots, de l'avoine folle, du ray-grass, même à l'endroit où il avait labouré après l'averse, mais que c'était bien sa faute, que son grand-père l'avait prévenu pour ce champ et pour un autre qu'il exploite à tel endroit, et que d'après ce qui vient de lui arriver il se gardera bien d'y toucher sans faire attention.

— Je ne sais si tu te le rappelles, dit un autre agriculteur, une fois j'ai voulu donner à ce champ un second labour, c'est-à-dire une seconde façon, ce qui n'est pas d'usage dans le pays, et l'on fait bien, parce que je sais ce qu'il m'en coûta ; vous allez voir.

Après le premier labour il était sorti beaucoup d'herbes dans le guéret ; mon père m'avait bien dit que nos terres n'aimaient pas d'être remuées plusieurs fois, qu'une seule façon suffisait ; me rappelant la recommandation de mon pauvre père, j'hésitai maintes fois, mais un jour que je n'avais pas d'occupation, voyant mon guéret plein d'herbes, je me décidai à y pratiquer un labour : plût à Dieu que j'eusse été malade, car mon blé ne valut rien, je n'ai eu dans ce champ que des ravanelles, des coquelicots et une peste d'herbes sauvages de toute espèce.

Cependant, une partie de ce champ avait été parquée et l'autre partie amendée avec de bon fumier de bergerie. Qui diable sait si ce n'est pas le fumier qui a gâté ton champ, répondit un interlocuteur, une fois cela m'est arrivé ; je voulus faire parquer cette terre qui te touche à tel endroit ; eh bien! je n'eus que des ravanelles, des pezottes et beaucoup d'autres herbes sauvages ; depuis ma terre ne vaut plus rien, elle est gâtée, le blé n'y vient plus.

Quant à la culture des terres, ma foi le plus habile s'y trompe ; on y perd son latin.

Tu sais bien la terre de l'ami Jean, il avait l'habitude de la cultiver avec l'araire ; par ce moyen il obtenait chaque année de bonnes récoltes. M. X...., lui prêta une charrue ; comme il était son bayle, les bêtes ne lui coûtaient rien, il creusa trop son fonds, il en est résulté que sa terre est gâtée, il n'y croît plus que de mauvaises herbes.

Cet imbécile, il va se fier à M. X... Je vous demande si la culture des terres est l'affaire des Messieurs ? il payera bien cher la confiance qu'il a eue en son Monsieur

Chacun débite sur ce ton et on s'encourage dans sa propre ignorance.

Quand on se réunit et qu'on parle d'agriculture on se raconte ce qu'on fait : l'un dit que telle opération à laquelle il vient de se livrer lui a réussi ; un autre répond qu'il se garderait bien de faire cela chez lui, que sa terre est différente, qu'il est dans une localité difficile; qu'il essaye toutes les manières, que rien ne vient à bien. L'un est obligé de mener ses cultures de telle façon, l'autre de telle autre, il n'y en a pas deux qui soient d'accord pour faire la même chose. Chaque propriétaire a sa culture à part et l'on se lève sur la pointe des pieds pour affirmer que ce que l'on fait chez soi est le meilleur, qu'on exploite depuis fort longtemps, que l'on connaît parfaitement son terrain, et qu'à chaque coin de terre il faut une culture différente.

Si les récoltes sont mauvaises, on accuse le temps et la saison, cependant, dans les années où les récoltes sont inférieures, il y a des exceptions, puisque dans diverses localités elles sont bonnes.

Lorsque le champ de votre voisin rend dix pour un, que vous n'avez qu'un sillon qui vous sépare et que vous ne récoltez que le quatre, ce n'est pas la température qui est cause de cela, la température n'a pas changé juste au sillon de séparation, il faut donc trouver une autre cause. C'est, par exemple, que vous avez moins bien préparé votre terrain; c'est que vous n'avez pas donné des cultures suffisantes; mais on ne convient pas de cela : on dit que le voisin a été heureux de rencontrer cette température, que s'il en avait fait une autre sa récolte aurait été moins bonne.

Je vous en prie, mes chers collègues, soyons de bonne foi et avouons que les citations dont je viens de vous entretenir ne sont que des fadaises.

N'est-il pas ridicule de croire que l'effet d'un labour fait à telle époque fera pousser telle plante, et que si ce labour ne se fait pas, cette plante ne poussera pas. N'est-il pas ridicule de penser qu'en mêlant la terre humide de la surface avec la terre sèche de l'intérieur cela fera pousser des plantes sauvages, sans qu'il y ait dans le sol la graine de ces plantes. Que le labour de tel champ en temps de brouillard produira des ravanelles et des pavots !

N'est-il pas ridicule de dire que l'on peut faire venir une plante par l'effet d'un labour et non par la semence de la graine.

Il serait, en effet, assez commode pour un jardinier qui aurait perdu une espèce de choux ou de raves, de préparer son sol de telle façon qu'à l'aide de cultures faites dans un temps donné et sans ensemencement, il pût trouver la production des choux et des raves qui lui manquent.

Quand une contestation s'engageait avec mes collègues, s'il m'arrivait quelquefois d'interprêter ironiquement leur croyance, ils se passionnaient et ils soutenaient, sans fournir aucun éclaircissement, qu'ils étaient dans le vrai, et que bien certainement le mélange d'une couche de terre humide avec une couche de terre sèche engendrait des coquelicots, du ray-grass, de l'avoine folle (1). Prenez garde, leur disais-je,

(1) Voici ce que nous dit M. de Gasparin dans son volume intitulé *Guide des propriétaires,* au chapitre : Description de la culture du blé, à la page 128, ligne 15.

« Enfin, il est une circonstance de culture toujours fatale dans nos pays, et qui favorise à l'excès la sortie de certaines plantes, surtout de l'avoine folle, du ray-grass et du coquelicot, c'est le mélange d'une couche de terre humide avec une couche de terre sèche. Cet effet est connu dans ce pays sous la dénomination de terre gâtée.

« Ce phénomène est décrit dans le mémoire sur les assolements du Midi, qui se trouve dans ce volume. »

On ne trouve point dans ledit volume, le mémoire sur les assolements du Midi, ni la description dudit phénomène promise par M. de Gasparin.

réfléchissez ? Ne vous semble-t-il pas que vous vous trompez. Car, si ce que vous me dites était vrai, que l'effet d'un labour favorisât cette germination, l'exécution de ce labour dépendant de votre volonté, il dépend donc de vous d'avoir cette kyrielle d'herbes sauvages, ou de ne les avoir pas. Le fond de votre raisonnement l'indique, et vous paraîtriez savoir faire venir ces plantes sans que la semence fût dans le sol.

J'espère que vous comprendrez votre erreur, et je suis sûr qu'il ne s'en trouverait pas un seul parmi vous qui pût se flatter de faire venir de mauvaises herbes dans le terrain d'autrui quand bien même on lui promettrait de lui fournir tous les moyens dont il voudrait user pour manipuler le terrain.

Pourquoi dire aussi à tel endroit on peut labourer profondément, et à tel autre on doit labourer superficiellement ? Pour aplanir cette difficulté, il faudrait planter des poteaux indicateurs, sur lesquels seraient écrits d'un côté : labour profond, et de l'autre : labour superficiel.

Y a-t-il des champs où l'on doive changer d'instrument, c'est-à-dire défoncer d'un côté et labourer légèrement de l'autre.

On croit trop que l'agriculture est vieille, que tout est fait et qu'il n'y a plus rien à innover. J'engage les personnes qui s'en occupent à penser, à réfléchir ; elles ne tarderont pas à comprendre que tout est à faire, que nous avons tout à apprendre, en un mot que nous sommes des ignorants.

Cependant, je n'invente rien ; tout ce qui précède se débite sérieusement parmi les agriculteurs. Leurs enfants, élevés au milieu de ces erreurs, en prennent l'habitude à tel point que, quand on leur fait observer qu'ils se trompent, ils ne raisonnent pas, ils se fâchent.

Il faut être bien familier avec quelqu'un pour pouvoir lui dire : Mon ami réfléchis ; toutes les terres contiennent les semences des herbes sauvages, ces herbes se développent et végètent sous l'influence de cultures mauvaises ou incomplètes. A l'aide de ces cultures elles grainent et se ressèment après avoir absorbé une partie de la fumure du champ. Si tu veux m'en croire essaye de ne laisser jamais croître aucune espèce d'herbes dans ton guéret ; sème quand c'est la saison ; sois confiant en l'avenir de ton travail ; le résultat sera satisfaisant, n'en doute pas.

On pourrait répondre en très peu de mots à toutes ces fausses allégations, que : sous la condition d'une mise d'amendement et d'engrais suffisants, jamais personne, dans une localité, n'a eu à se repentir d'avoir défoncé son terrain trop profondément, que pas un seul agriculteur n'a eu à regretter d'avoir répété trop souvent les labours dans ses guérets, car, les défoncements et les labours détruisent les herbes et ne les sèment pas.

Un agriculteur zélé et habile doit être affligé lorsqu'il voit des guérets mal tenus et remplis d'herbes sauvages, des céréales pauvres, chétives. Il sait bien que ce sont les cultures insuffisantes qui en sont la cause, et que la terre produit toujours et providentiellement, en proportion de ce qu'elle a reçu et des avances qu'on lui a faites.

Les erreurs que le vulgaire contracte par ignorance ou par irréflexion, se glissent chez le propriétaire opulent qui s'imagine que l'on peut faire de l'agriculture en parole. Ce n'est pas seulement dans la classe des agriculteurs praticiens que tous ces préjugés existent ; ils se sont introduits aussi chez le riche propriétaire, et M. de Gasparin, comme beaucoup d'autres, ne se rendant pas compte par sa propre expérience, s'est laissé entraîné à propager des erreurs qu'il tenait de gens inexpérimentés.

Ces misères, ces absurdités que nous nous transmettons, nous les avons reçues de nos pères, nous les faisons passer à nos enfants sans nous douter que nous les trompons.

Comme vous, mes amis, je m'en suis rapporté à ce que disaient nos pères, je me suis nourri des mêmes erreurs et longtemps j'ai travaillé machinalement. Mais lorsque je me suis aperçu qu'il y avait des divergences d'opinion, chez les agriculteurs, et qu'il ne s'en rencontrait pas deux qui fussent du même avis, je me suis dit qu'il était prudent de réfléchir : quand j'ai étudié, j'ai douté de tous les phénomènes dont je viens de parler et quelques recherches ont suffi pour m'en démontrer l'absurdité.

Mes expériences m'ont prouvé que non seulement les labours ont la propriété de détruire les mauvaises herbes, mais qu'ils sont indispensables ; plus on les multiplie, plus on féconde le sol, plus on les fait profonds, plus le sol devient riche.

Je suis tellement certain que le défoncement enrichit le sol, qu'à l'avenir et en tous lieux m'appartenant on ne mettra point de terrain en culture sans le défoncer et que cette culture se renouvellera snr le même champ après un certain nombre d'années qu'elle aura été faite.

Quand il s'agit d'introduire une amélioration évidente, nous n'en usons qu'après avoir bien hésité, non pas pour examiner et rendre meilleur ce qui est proposé, mais pour inventer mille prétextes ridicules et prétendre qu'elle n'est pas un progrès.

Ne vaudrait-il pas mieux se débarrasser de ces vieilles habitudes et s'appliquer à des recherches utiles ? Par le perfectionnement des méthodes de travail, les progrès et les bénéfices arrivent bien plus sûrement et bien plus moralement que de toute autre manière. Il y a tant à faire en agriculture que je ne comprends pas comment les hommes sont assez fous pour courir après tant de chimères, sans s'occuper de la chose qu'ils ont sous la main et qui pourrait les rendre bien plus heureux.

Je prie instamment les hommes instruits et intelligents, les amis de l'humanité qui s'occupent d'agriculture, d'aider cette science, afin de la faire sortir des ténèbres dont elle est environnée. C'est une chose importante et qui mérite bien notre attention.

J'ai la certitude que si nos institutions y prêtaient leur appui, nous en retirerions des avantages prodigieux.

C'est encore là qu'est le véritable bonheur, l'homme a toujours tort quand il oublie cette loi de Dieu : Tu gagneras ton pain à la sueur de ton front.

Si nous savions donner à la terre ce qui lui convient, elle ne se lasserait jamais. Rien ne prouve que nous sachions lui faire produire tout ce qu'elle peut rapporter, tout prouve, au contraire, qu'elle peut rendre davantage.

Pas un de nous ne pourrait certifier qu'il a appliqué les cultures les plus parfaites, et qu'il a confié à sa terre la semence qui lui convenait le mieux.

Celui qui ne réfléchit pas croit que l'agriculture est assez vieille pour que toutes les découvertes soient faites, qu'il n'y a qu'à suivre ce que nous voyions faire par nos pères ; celui qui regarde à quelques pas derrière lui s'aperçoit que nous avons fait quelques progrès, mais, que sont ces progrès en regard de ceux que nous aurions dû faire.

Que peut-on répondre à un agriculteur qui vous dit : Je suis convaincu que c'est un labour qui est cause que ma terre ne produit que des ravanelles ; un autre dit : par l'effet d'un labour je n'ai eu que des coquelicots ; un troisième ajoute : moi pour la même cause j'ai eu des pazottes ; un quatrième j'ai eu de l'avoine folle ; un cinquième j'ai eu du ray-grass.

Si vous disiez à ces agriculteurs : Vous vous trompez, nul ne peut faire germer une plante sans que la graine soit dans le sol ; détruisez cette graine et vous ferez disparaître les herbes qui nuisent à vos récoltes, vous seriez fort mal reçu par ces gens-là.

Eh bien ! mes amis, détruisons ces préjugés contagieux qui sont souvent cause qu'un propriétaire ne fait pas produire à son champ ce qu'il y a dépensé en culture.

Un agriculteur sait parfaitement que les céréales ne peuvent prospérer que quand elles occupent seules un terrain ; ainsi donc, pour arriver à ce but, il faut ne point laisser grainer dans ses guérets les herbes qu'on ne veut pas récolter. C'est là le seul moyen à employer.

De combien de milliers d'hectolitres de blé augmenteront nos provisions, lorsque nous nous serons débarrassés de cette maladie.

La charrue de M. de Dombasle a certainement
fait faire un grand pas à l'agriculture, et par cela
même, elle est la cause d'une grande augmentation des produits agricoles.

Des règles précises et bien entendues pourraient en procurer autant et peut-être davantage.

Je viens de vous parler de quelques-unes de
nos fautes, de nos erreurs ; je vais essayer maintenant de vous donner les moyens d'y remédier ;
j'espère que mes recherches et les expériences
que j'ai faites profiteront à quelques-uns et les
empêcheront d'y retomber.

Un fermier qui a une grande quantité de terrain à préparer pour des céréales doit commencer les cultures par les terres les plus pauvres,
finir par les plus riches, en faisant les premiers
labours au quinze février et les terminant avant
la fin d'avril, en ayant soin de ne jamais atta-
quer que les terres parfaitement ressuyées.

Chaque agriculteur individuellement opère
avec la force dont il dispose : celui qui a de forts
attelages peut creuser beaucoup plus que celui
qui en a de faibles. Il sera parlé de cette condition plus loin.

Le labour exige une condition : que l'on ait ou
non creusé profondément, il faut que l'instrument ait tranché une portion de terre, l'ait sou-

levée et renversée sans dessus-dessous, et que l'on ne voit pas un brin d'herbes. Si le labour ne fait pas disparaître toutes les herbes qui occupent le terrain, l'instrument n'est pas bon et le travail est imparfait.

Un bon agriculteur doit être l'ennemi des plantes parasites; il doit leur faire une guerre d'extermination. Dès que l'on voit verdoyer dans les guérets de jeunes herbes, il faut faire marcher de nouveau la charrue, toujours extirpant, coupant ou enfouissant complétement les herbes nouvellement venues, et répéter les labours autant que le développement de l'herbe l'exigera; se montrer l'infatigable ennemi de toutes les plantes dont on ne veut pas la récolte. N'en laissez jamais grainer aucunes, détruisez-les à leur naissance, et de cette manière, non seulement elles n'enlèveront à la terre aucun principe de fertilité, mais encore vous arriverez à faire disparaitre de vos champs même les graines de ces plantes sauvages qui sont naturellement dans tous les sols, car il est facile de comprendre qu'en ne se ressemant jamais elles ne sauraient se reproduire.

Si un agriculteur est exact à suivre la méthode que je viens d'indiquer, qui consiste à ne laisser jamais grainer aucune herbe dans ses guérets et à les détruire dès leur naissance, de ne faire les labours que quand la terre est bien ressuyée, il est sûr que sa récolte sera bonne et aussi pure que sa semence (1).

Voici ce qui résultera du nombre de labours qu'on aura donnés à son guéret. Admettons qu'un hectare avec une seule façon produise seize hectolitres de blé ; si on donne deux façons il en produira vingt ; si l'on en donne trois il en produira vingt-quatre, et ainsi de suite.

La terre n'a point de mesure fixe de rendement ; en la labourant on ne fait que lui prêter ; elle se libère toujours très-largement.

Celui qui donne les labours les plus profonds (2) obtient les résultats les plus avantageux. Les terrains les plus profondément labourés produisent des céréales plus touffues et des épis plus gros. Si vous labourez à vingt centimètres de profondeur, vous n'avez que vingt centimètres de terre en culture, si vous défoncez jusqu'à trente vous en aurez un tiers de plus ; dans cet excédant de terre cultivée les racines de vos céréales joueront plus facilement, il y aura un

(1) Celui qui fait les labours quand la terre est encore humide, non-seulement augmente sa peine pour les labours à venir, mais de plus, soit par le piétinement des animaux et le frottement de l'instrument la terre se durcit à tel point que les pores se ferment, et l'air et la lumière ne peuvent pénétrer dans son sein et y apporter les principes fertilisants.

(2) Les labours profonds et répétés sont favorables à tous les terrains et bons dans tous les climats. Il n'existe pas dans le monde un arpent de terre où de telles cultures ne produisent des résultats merveilleux.

plus grand nombre de tiges, beaucoup plus de développement dans les plantes et les épis seront plus gros.

Les labours profonds ont un autre avantage : c'est celui d'emmaganiser une plus grande somme d'humidité et de la tenir en réserve pour la nourriture des plantes.

Les surfaces légèrement cultivées sont promptement pénétrées par le soleil ; leur sécheresse cause souvent la stérilité, tandis que les sols profonds résistent plus longtemps à la chaleur, ont le temps de fournir aux plantes qui y vivent l'alimentation dont elles ont besoin, jusqu'à ce qu'elles puissent couvrir et abriter de leurs fanages ce même sol, et le protéger ainsi contre l'action desséchante du soleil.

Les labours profonds ont, en outre, l'avantage de mettre en rapport avec l'air et la lumière une plus grande quantité de molécules du sol, et comme le principe vivifiant vient de l'atmosphère, le guéret en est d'autant plus imprégné qu'il a été plus profondément et plus souvent remué.

Je crois pouvoir recommander les méthodes que je viens d'indiquer en ayant soin, à chaque façon, de faire passer le troupeau devant la charrue, afin qu'il profite du peu d'herbes qui se trouve dans les guérets.

Après avoir bien réfléchi sur les labours tels que je viens de les conseiller, je ne crois pas qu'un agriculteur soutienne encore, ce qui est dit plus haut, à savoir, « qu'un labour peut faire pousser des plantes que l'on n'aura pas semées. » Car, enfin, il est par trop clair qu'un produit quelconque ne vient jamais de rien, et qu'il n'y a dans la nature aucun effet sans cause.

Il est certain qu'il y a dans toutes les terres des semences, des embryons imperceptibles d'un grand nombre de plantes sauvages et autres laissées dans le sol ou apportées par les vents, les eaux, les engrais, les animaux ; qu'elles germent et se développent dans des conditions données ; qu'un labour en temps sec ou mouillé, en temps frais ou chaud peut faire naître ces conditions et produire la germination dont je viens de parler ; admettons que ce labour ait créé un effet facheux, mais cet effet n'existera pas si au lieu d'un labour vous en donnez plusieurs et surtout si vous les donnez profonds, parce que ces labours successifs auront les effets inévitables que je viens d'énoncer ; le premier aura fait germer les graines, le deuxième détruira le germe, et le troisième, si quelques-uns de ces germes ont repris, en complétera la destruction.

De telles cultures auront donc donné ces divers avantages : faire disparaître la graine qui était dans le sol et la plante qu'elle aurait produite, tout comme de convertir en engrais cette plante qui, dès les premiers moments, aura été enfouie à l'état de cadavre, et sera devenue purement et simplemeut de l'humus. — En d'autres termes, loin d'épuiser ou de nuire, les labours répétés et profonds fertilisent et engraissent la terre (1).

(1) Dans le premier volume de la *Maison rustique du dix-neuvième siècle* et à la page 164, paragraphe 2, il est dit par M. Crow, dit Arthur Joug, qu'il donna à une pièce de terre argileuse une jachère complète de deux ans, et qu'il sema cette pièce de terre après douze labours. Le blé leva fort bien, mais le printemps fut pluvieux et la récolte fut mauvaise. M. Crow avait d'autres choses à nous dire : d'abord, s'il avait surveillé ce champ depuis le moment qu'il avait été semé, la différence qu'il y avait entre lui et d'autres pendant l'hiver, et suivre attentivement la récolte jusqu'à sa maturité ; si la récolte des champs voisins avait été meilleure et ce qui en était cause. Il est pourtant prouvé que les cultures sont des fortifiants, que plus on multiplie les labours plus la terre prend de force ; dans un champ qui a reçu douze labours, le blé lève plus promptement et la végétation est plus active.

A la page suivante paragraphe 3, voici ce que dit M. de Gasparin (pour les époques favorables aux divers labours). « Dans ce cas, un labour imprudent produit un effet que l'on désigne dans ce pays par l'expression de *gâter la terre.* »

Pour cet article, il est évident que M. de Gasparin s'en est rapporté à ce que lui ont communiqué des agriculteurs ignorants : s'il eût fait une expérience il aurait repoussé une pareille absurdité.

Les labours ne détériorent point la terre ; au contraire ils la vivifient, la rendent féconde. Chaque labour impreigne la partie cultivée d'une dose de fertilisation plus grande.

M. Crow et M. de Gasparin se sont trompés ; ils sont trop habiles l'un et l'autre, et ils n'ignorent pas, j'en suis certain, qu'il ne peut y avoir de phénomène pour l'homme que dans les régions qu'il ne peut atteindre et que tout ce qu'il peut voir et toucher est explicable.

Si un ami vous demande un conseil et qu'il vous adresse cette question : Croyez-vous que si je laboure dans cette saison (n'importe laquelle) je gâterai mon champ? Vous devez répondre à cet ami : Ne laisse jamais grainer dans ton champ les herbes sauvages, laboure aussi souvent que tu le pourras ; la terre est toute pleine de richesses, elle est généreuse ; sois sûr qu'elle te rendra et au delà tout ce que tu lui auras donné en culture.

Si, au contraire, par votre conseil vous le détournez de cultiver son champ sous prétexte qu'il le gâtera, vous le privez de ses richesses, vous serrez les nœuds de sa bourse et l'empêchez d'y mettre la main.

Les récoltes chétives nuisent à la réputation des agriculteurs qui en ont dirigé les labours. Il y a si peu de terrains vraiment défavorables aux céréales, que c'est à nous, les cultivateurs, à qui la faute doit être imputée lorsque les récoltes ne sont pas belles.

Dans les terrains que l'on soupçonne ingrats et que l'on dispose à la culture des céréales, ne craignez jamais de répéter les labours dans la crainte folle que le sol ne vous les payera pas : si vous croyez avoir le moindre résultat avec un façon, ayez confiance ; en les multipliant, vous ne tarderez pas à être étonné du changement favorable qu'elles auront opéré, et alors vous saurez, par votre propre expérience, que jamais personne n'a eu à se repentir d'avoir labouré trop profondément, et que si les récoltes avortent au moment de leur maturité c'est que les labours n'ont pas été assez profonds.

Je termine ce chapitre par une dernière réflexion ; il est généralement admis qu'un troupeau allant paître dans un guéret un jour de brouillard y engendre des coquelicots, des ravanelles et toute la sequelle d'herbes sauvages qui détruisent les céréales.

Eh bien! je vous demande, mes amis, ce que pourrait répondre l'individu qui aurait annoncé ce fait, si vous lui aviez demandé ce qui aurait eu lieu au cas où le troupeau serait allé le même jour, mais plusieurs heures après le brouillard, ou bien encore le lendemain avec un temps sec. Cet individu eût certainement été fort embarrassé de vous répondre. Car la plus simple réflexion aurait suffi pour lui faire comprendre que le moment et la circonstance de la dépaissance du troupeau ne peuvent avoir la plus légère influence sur le développement des herbes sauvages.

Mais il n'est pas dans nos usages d'élucider ainsi les questions. Nous ne demandons pas, à ceux qui nous parlent, des explications démonstratives de leurs allégations ; nous écoutons seulement, et nous récitons, lorsque l'occasion se présente, ce que nous avons entendu dire. Avouons donc, mes amis, que notre manière de faire n'a pas pour règles : les réflexions, l'expérience, le raisonnement et l'exactitude des faits.

Pour mon compte, je suis bien résolu à n'accepter jamais aucune tradition avant de l'avoir étudiée, et surtout à ne considérer comme cause de mauvaises herbes que les mauvaises cultures, c'est-à-dire celles qui sont faites trop tard, qui enfouissent les plantes quand la graine est mûre, ou celles qui sont exécutées avec des instruments imparfaits qui ne les détruisent pas.

DES LABOURS PRÉPARATOIRES POUR LES CÉRÉALES
AUX TERRES QUE L'ON MÈNE EN JACHÈRE

Tous les labours faits avant les semailles sont des labours préparatoires, et indispensables pour la réussite des récoltes. Il convient de faire le premier dans le mois de février et jusqu'au 10 avril; ceux que l'on prolonge au-delà ont lieu trop tard.

Les cultures dans un terrain que l'on veut faire produire sont des amendements indispensables, comme les engrais qu'on donne à la terre sont des aliments nécessaires aux récoltes qu'on demande au sol.

Point de labours parfaits avec de mauvais instruments; point de semailles productives sans un certain nombre de labours.

Les cultures et les fumures sont à la terre ce que l'étrille et les aliments sont à un cheval que vous disposez au travail ; si vous ne donnez pas assez de pansement et de nourriture à l'animal, vous n'en obtenez qu'un mauvais service, la pauvre bête dépérit.

Il en est de même de votre terrain : si vous ne donnez pas les cultures et les fumures suffisantes il ne produira pas et il s'appauvrira ; si vous donnez des fumures suffisantes et des cultures insuffisantes, la mauvaise herbe absorbera l'humus au préjudice de la récolte, qui sera étouffée.

Si vous cultivez bien et fumez mal, vous ferez absorber par vos récoltes l'arrière graisse de votre sol qui alors ira en s'appauvrissant.

Labourez souvent et fumez convenablement si vous voulez que vos céréales prospèrent.

Celui qui pratique bien ses labours n'a nullement besoin de sarcler ses blés.

Celui qui fume convenablement n'a jamais de mécompte sur ses récoltes.

Si après une récolte de céréales votre terrain est de nature à pouvoir lui demander autre chose, n'hésitez pas à le faire s'il a été bien cultivé, car il n'aura nourri aucune mauvaise herbe ; si, au contraire, vous avez pratiqué de mauvaises façons, vous aurez des herbes sauvages qui vous persécuteront incessamment. Sachez-le bien, les cultures sont à la terre ce que la propreté est au corps de l'homme ; celui qui ne se tient pas propre est sujet à certaines maladies qui n'atteignent jamais l'homme soigneux de sa personne, il vieillit avant l'âge.

Si vous cultivez mal non seulement les mauvaises herbes envahiront vos récoltes, mais elles s'établiront dans votre champ et en disputeront avec opiniâtreté la possession aux plantes que vous voudrez lui faire produire.

Revenons aux cultures préparatoires ; pour la première façon les dépenses sont les mêmes, que l'on en donne une ou plusieurs. Il convient de faire le second labour du 15 avril au 15 juin, toujours en commençant par les champs les plus enherbés, et la terre bien ressuyée ; point d'araire surtout ; supprimez cet instrument qui ne détruit pas les mauvaises herbes. Une charrue à quatre bêtes fait plus d'ouvrage que deux araires et dans des conditions meilleures. En deux jours et demi on laboure un hectare ; cette façon augmentera le rendement de quatre hectolitres au moins, ainsi vous gagnez un hectolitre et un tiers de blé par journée de travail.

Du 15 juillet au 15 septembre pratiquez la troisième façon toujours avec la charrue à quatre bêtes.

Arrivé aux semailles faites un quatrième labour avec la charrue à deux bêtes, car il est de rigueur de jeter le grain sur un labour frais dans un terrain bien ameubli.

Il est certain qu'avec de telles façons votre

guéret aura été parfaitement débarrassé de toutes espèces d'herbes ; jetez-y votre grain avec confiance après le 8 octobre, couvrez-le par un léger labour (1), la providence fera le reste ; on doit commencer les semailles par les orges et les avoines, et disposer ses travaux pour les terminer en tout le mois.

Soyez confiants en vos préparations, n'importe la qualité de terrain, il n'oubliera aucune des attentions que vous aurez eues pour lui ; il vous restituera au centuple, n'en doutez pas.

J'ai dit plus haut qu'il fallait commencer les premières cultures le 15 février ; cependant je conseillerai à celui qui pourrait travailler son terrain dès que la moisson est terminée, de le faire, il ne perdrait pas son temps ; l'air et la lumière y déposeraient leur baume aussitôt. J'insiste pour que l'on considère cette façon comme indispensable pour les terrains qui doivent recevoir des semences de printemps, soit luzernes, sainfoins, pommes de terre, garances, etc., etc. Dans le mois de février, lorsque les terres sont bien ressuyées, hersez les blés.

Il est aussi très essentiel en agriculture de savoir employer le temps bien à propos, et ne pas se mettre six pour le travail de deux.

(1) Il nous manque un instrument pour couvrir nos semailles de céréales. Jusqu'à présent cela ne se pratique que très imparfaitement. Le gouvernement ferait bien, je crois, de proposer une prime à celui qui nous procurerait cette amélioration.

Labourer quand c'est la saison, c'est le véritable moyen de faire beaucoup d'ouvrage, de le bien faire, sans que le laboureur ni les attelages en souffrent. Si vous laissez passer la saison, le sol durcit, vous faites peu d'ouvrage, vous le faites mal, le laboureur s'inquiète, l'attelage fatigue, les instruments s'usent promptement et se cassent.

Les labours faits en temps opportun sont productifs; tandis que ceux que l'on fait par occasion ne donnent pas les mêmes avantages.

Bon nombre d'agriculteurs ne manquent pas de dire que telles cultures peuvent s'adapter dans tel pays, que dans tel autre elles seraient nuisibles. Je proteste contre une semblable opinion, et je maintiens que les cultures que je viens d'indiquer sont bonnes pour toutes les localités, que partout il faut détruire les herbes que l'on ne veut pas récolter.

C'est par le nombre des façons et par la profondeur des labours que l'on enrichit le sol, et que l'on récolte les grands approvisionnements. Ainsi nul ne peut obtenir de la terre un produit assuré s'il n'a pas fait des labours énergiques; pour les obtenir il faut de bons instruments. Les trésors des agriculteurs sont dans l'intérieur de la terre, si l'on veut les ramener à la surface il faut faire plonger la charrue.

Les cultures dont je viens de parler ne sont applicables qu'aux terres que l'on mène en jachère ou gauzide : ces deux mots ont la même signification et veulent dire ensemencer les terres une année et non l'autre.

Voici maintenant celles qui conviennent aux terrains qui se sèment toutes les années.

Si vous dites à un agriculteur : Pour avoir de belles récoltes il faut faire telles cultures ; il vous répondra, soyez-en bien sûr : Si la saison ne sert pas, vous n'aurez rien. Cette réponse est vague, dépourvue de sens et de raisonnement ; est-ce que la chance serait plus favorable si l'on avait mal cultivé.

Combien d'agriculteurs d'un grand nombre de pays sont dans la crainte, dans le doute que, s'ils opèrent leurs labours pendant que leur terrain est dans certaine condition ; leurs cultures, au lieu d'être productives, seront onéreuses.

L'agriculteur doit savoir qu'à la condition de faire disparaître, non-seulement les plantes, mais la graine de toutes les herbes qui occupent son champ, le résultat de chaque façon qu'il donnera sera largement payé par une augmentation de produits.

Rappelez-vous bien, mes collègues, que l'agriculture est une science, et que le mot science exprime une chose qui est soumise à des règles qui ne varient pas ; ainsi, point de hasard dans l'agriculture : c'est par l'ordre et le travail que l'on peut demander à la terre ce que l'on désire.

Toutes les sciences sont sujettes à quelque

modification. Lorsqu'une amélioration est bien constatée, l'homme de sens, l'homme raisonnable doit l'adopter immédiatement ; malheureusement les agriculteurs sont indifférents à tout progrès.

Quoique je ne croie pas que l'on doive surcharger les terres (et que je sache par expérience que pour être bien servi il ne faut pas exiger trop) je connais cependant des localités où cela se pratique, et je ne sais pas si l'on pourrait mieux faire.

En agriculture peut-on adopter un assolement régulier ? J'en doute ; je serais d'avis de chercher à produire les denrées qui ont le plus de cours, et faire à la terre tout ce qui convient pour s'assurer de bonnes récoltes, car ce ne sont que celles-là qui donnent des bénéfices. Ainsi, dans les localités où il arrive souvent qu'à une céréale on en fait succéder une seconde, et quelquefois une troisième, on a besoin d'user de précautions pour entretenir dans le sol une assez grande quantité de principes vivifiants, afin que les plantes puissent y puiser leur nourriture jusqu'à complète maturité.

Il convient donc de faire marcher la charrue immédiatement après avoir coupé les blés ; si vous labourez trop tard, votre guéret n'aura pas été assez longtemps en rapport avec l'air et la lumière pour recevoir les approvisionnements des sucs fertilisants ; vos céréales n'y trouveront pas leur nourriture et elles avorteront avant d'arriver à leur entière maturité.

Il faut plaindre l'agriculteur qui n'a pas les capitaux nécessaires, ni les attelages suffisants pour activer ses cultures lorsque le moment est convenable. C'est, à mon avis, un agriculteur malheureux ; pour lui la culture des terres est un rude métier, il est toujours en retard dans ses travaux, et ne peut pas profiter des moments où les labours sont faciles.

Les agriculteurs négligents, et qui ne font pas leurs labours quand ils le pourraient, rencontrent les mêmes difficultés.

Si l'on fait une observation à un agriculteur qui se sera mis en retard dans ses labours, soyez bien convaincu qu'il n'avouera pas sa faute ; il vous dira que c'est le temps, la saison qui sont cause de cela, qu'en agriculture on ne fait pas comme on veut, qu'il est souvent impossible de pouvoir profiter des moments où il serait aisé de travailler les terres, que chacun s'en tire comme il peut.

Il arrive aussi à un certain nombre d'agriculteurs de ne tenir aucun compte des époques où doivent se refaire les labours ; s'ils avaient réfléchi sur ce qu'il en coûte, et au rendement que cela donne, bien certainement ils changeraient leurs dispositions. Si, pendant les chaleurs, en parcourant les champs, vous en rencontrez quelques-uns luttant avec beaucoup de peine pour fendre le sol, pas un ne conviendra qu'il a eu tort de ne pas venir plus tôt ; tous vous diront que cela n'a pu se faire autrement, et qu'il suffit, en pareille circonstance, d'être assez fort en attelage et d'avoir des instruments solides ; que la façon que l'on donne est très-bonne ; que l'on a forcé la terre et que de cette opération il s'en suit de très-bons résultats.

C'est une bien grande faute de faire de semblables cultures, elles coûtent fort cher et ne produisent pas comme celles qui tiennent les terres dans le meilleur état d'ameublissement et de fraîcheur ; car, la fraîcheur dans les champs cultivés, c'est la vie.

Qu'un agriculteur raconte à ses voisins, à ses amis, qu'un fait des plus ridicules lui a réussi, et que cela a été cause qu'il a eu une belle récolte ! Ceux qui l'écoutent diront que c'est possible, et que bien souvent on ne sait pas positivement la cause qui a favorisé les récoltes ; que l'agriculture est un métier incompréhensible.

Les jeunes agriculteurs élevés dans ces erreurs y ajoutent la plus grande foi ; l'homme des villes, le grand propriétaire, lorsqu'il est à la campagne, les entend, les croit, les recueille avec soin et s'en contente, parce qu'il ne croit pas qu'il soit possible qu'un agriculteur ait vécu sans s'en occuper ni les étudier.

Je crois devoir répéter encore que les agriculteurs n'ont rien approfondi et qu'ils font généralement leurs cultures quand cela les arrange, sans s'occuper des saisons dans lesquelles elles seraient plus profitables, soit pour emmagasiner dans le sol des sucs fertilisants, soit pour le choix des époques où l'on peut détruire les herbes parasites, soit, enfin, lorsque la terre est facile à travailler.

Par de mauvaises combinaisons, par le manque de connaissance des instruments, par l'inactivité de son intelligence, l'agriculteur se met dans la pénible situation d'ignorer tout ce qui pourrait le soulager et augmenter ses revenus.

L'indifférence pour le choix des instruments, la mauvaise direction des labours laissent l'agriculteur dans une appréhension et dans une crainte continuelles qui ne lui permettent pas de croire qu'il peut obtenir d'un terrain un résultat assuré s'il n'a pas eu beaucoup de peine en le travaillant. C'est-à-dire qu'il lui semble impossible de pouvoir parfaitement préparer un terrain par des cultures faciles. Cependant, s'il veut réfléchir sur ses opérations, il reconnaîtra bientôt que l'intention de forcer la terre vient de celui qui n'a pas le matériel indispensable pour faire de la bonne agriculture.

L'indifférence pour le choix des instruments est l'apanage d'un agriculteur qui n'a point de goût, et qui n'est par conséquent pas capable de les apprécier, ni d'émettre sur eux un bon jugement.

La mauvaise direction des labours vient du manque d'intelligence, qui empêche de bien disposer son temps de manière à être toujours prêt pour ce que l'on a besoin de faire. Voilà, certes, bien des motifs qui éternisent des erreurs dont il serait prudent de se débarrasser.

En général ceux qui s'occupent d'agriculture ne sont pas toujours raisonnables et n'avouent pas facilement leurs fautes. Celui à qui l'on adresse une question, et qui agit contrairement à sa manière de voir se croit offensé et au lieu d'avouer qu'il s'est trompé, vous répond par un paradoxe, comme si c'était une grande faute de reconnaître que l'on est dans l'erreur. Hélas ! quel est le mortel qui ne se trompe pas.

Celui qui continue à fendre la terre lorsqu'elle est bien durcie, est un fou qui n'a pas reconnu l'augmentation de peine que cela lui coûte et dont il pourrait se dispenser.

Celui qui est obligé de pratiquer ses cultures à de pareilles époques parce qu'il n'a pas assez d'animaux, est à plaindre, il achète bien cher de chétives récoltes ; il ne peut venir à bout de compléter ses cultures ; par la force des choses il est entraîné dans la voie la plus longue, la plus pénible et la moins lucrative, tout est contraire à ses intérêts.

Je conseille à l'agriculteur qui est gêné, d'emprunter pour se procurer les moyens de bien faire ; car s'il reste dans cette pénurie, non seulement il se ruine, mais il épuise sa santé, ainsi que celle de son entourage. Car, lorsque les terres sont dans une certaine condition de ténacité, on fait peu d'ouvrage, on le fait mal, le bouvier a beaucoup de peine, il s'éreinte, il se dégoûte, les instruments souffrent, se cassent, les attelages se fatiguent et le tout bien inutilement.

Voulez-vous savoir ce que coûtent de pareilles cultures ?

Lorsque les terres sont durcies par les chaleurs, pour faire convenablement fonctionner une charrue il faut six chevaux qui laboureront un hectare en trois jours à huit francs le couple par journée. 72 00

Par cette façon vous avez couvert votre champ de mottes et vous ne pouvez plus y toucher jusqu'à ce qu'une forte pluie l'ait détrempé. Pour amener ce terrain en état d'être semé, il vous en coûtera une demi-journée d'un couple pour passer un rouleau à dents 4 00

Après cette opération il faut un labour à deux bêtes, deux journées et demie. . .   20 00

Une seconde opération de rouleau.   4 00

Total. . . <u>100 00</u>

C'est ainsi qu'agissent les routiniers, ceux qui ne réfléchissent pas et qui labourent quand cela les arrange sans s'occuper des règles.

Voyons maintenant ce que dépenserait l'agriculteur qui serait muni du nécessaire, qui s'occu-
perait de son affaire et qui aurait compris que,
sans une application exacte de certains procédés
reconnus bons, nul ne peut obtenir un succès
avantageux.

Lorsque les terres sont faciles à travailler, avec
quatre chevaux on obtient un bon labour, en deux
journées et demie on fait un hectare à huit francs
le couple 40 00

Cette façon, il ne faut pas en douter, est bien
snpérieure à celle dont nous venons de parler et
le prix de revient bien réduit. Quelle que soit
la saison, quand ce sera le moment de faire le
second labour, on est assuré de trouver la terre
bien meuble, facile à travailler ; vous êtes sûr
de remuer de la terre fraîche et d'emmagasiner
dans votre guéret beaucoup de principes fertilisants : puisque vous enfouissez la terre de la
surface dans l'intérieur, et si votre charrue est
bonne le versoir ramène une terre tempérée à
l'air et au soleil qui s'en empare pour la fertiliser.
L'agriculteur qui aura mis ses terres dans cette
condition peut compter sur ses récoltes.

Il est bien positif que les avantages du rendement seront pour celui qui a le moins dépensé.

Les instruments n'ont point souffert, l'attelage
n'a point trop fatigué, et le laboureur a manié
la charrue avec aisance.

Je ne saurais trop engager mes collègues à

éviter de tomber dans le laisser-aller de l'agriculteur nonchalent et sans goût, car les résultats de sa paresse lui coûtent beaucoup de peine ; il en arrive alors à croire et à faire croire à ceux qui l'écoutent, que l'agriculture est un rude métier qu'on ne peut faire sans beaucoup de fatigues.

Cependant, il est certain qu'en ayant un peu le souci de ce qu'il a à faire, en réfléchissant sur ce que lui ont appris ses pères, en émettant des doutes sur ce qu'il ne comprend pas, l'agriculteur intelligent reconnaîtra bientôt que nos devanciers ont travaillé machinalement et suivi de mauvaises méthodes.

En général les agriculteurs réfléchissent peu et bien rares sont ceux qui ont le souci de disposer leurs travaux pour être en mesure d'exécuter leurs opérations d'une manière bien entendue. S'il vous arrive de dire à l'un d'eux : Maintenant ce serait le moment de faire tel labour, — sans s'occuper s'il lui sera avantageux ou préjudiciable de renvoyer à une autre époque ce que vous venez de lui recommander, soyez convaincu qu'il ne réfléchira pas, et qu'il vous répondra : Je n'ai pas le temps, ou je suis pressé, ou je ne le puis parce que j'ai autre chose à faire.

Ainsi, celui qui est gêné, qui aurait besoin de suivre les méthodes économiques et de n'employer que le temps nécessaire à une opération, à son grand préjudice, va à la rencontre des moyens qui en exigent davantage. Ces mêmes difficultés sont éprouvées par l'agriculteur nonchalent qui croit toujours avoir du temps de reste, et par les agriculteurs irréfléchis et inattentifs.

Si vous avez un sainfoin à défricher, le jour où vous allez chercher le fourrage, portez-y la charrue, et aussitôt que votre champ sera libre, faites-la marcher ; agissez de même fin juillet ou au commencement du mois d'août. Ces deux façons, que vous aurez faites sans peine, ne vous coûteront pas plus qu'une seule, si vous attendiez que votre terre fût durcie par les chaleurs ; et puis ce labour que vous aurez fait à l'improviste vous aura donné beaucoup de peine et ne sera pas énergique. Tant que vous ne suivrez pas de règle pour vos cultures, vous n'arriverez ni à l'économie, ni aux moyens d'augmenter vos récoltes.

Une seule culture est insuffisante pour l'approvisionnement des principes fertilisants dont votre champ a besoin ; multipliez vos labours, c'est le vrai moyen de faire disparaître les plantes parasites et de donner à votre terre la vigueur nécessaire pour l'alimentation de vos semailles.

Mettez-vous bien dans l'idée que vous ne pouvez obtenir un succès assuré que par des cultures suffisantes et intelligemment faites. Il ne suffit pas de labourer, il faut le faire en son temps ; pour que la terre soit bien disposée à l'alimentation des semailles que vous voulez lui confier, il faut qu'elle y soit préparée par des cultures accomplies. Un champ qui n'est pas cultivé, est sans utilité, il est endormi, ses pores sont fermés ; pour le réveiller et le mettre en communication avec la lumière qui doit le vivifier, menez-y la charrue et par intervalles faites-la fonctionner, car, plus vous multiplierez vos labours, mieux votre terre sera disposée à vous aider dans ce que vous lui demanderez.

Le propriétaire ignorant ne s'inquiète pas des cultures qui ont été faites : il veut semer, parce qu'il sait que s'il ne sème pas il ne récoltera pas ; de là des récoltes chétives, onéreuses, qui ne donnent aucun bénéfice et appauvrissent le sol.

Il est bien prouvé que celui qui aurait pratiqué deux façons à son sainfoin récoltera douze pour un, tandis que celui qui n'en aura donné qu'une, obtiendra à peine le huit. Or, la seconde façon qui aura coûté quarante francs aura produit huit hectolitres de blé de plus à vingt-deux francs l'un, cent soixante-seize francs ; il aura aussi une plus grande quantité de paille, et son champ sera mieux disposé pour les récoltes futures. Ainsi, comme vous voyez, l'agriculteur prévoyant sera bien dédommagé du soin qu'il aura apporté dans l'exécution et la multiplication de ses cultures.

Pour les terres dans lesquelles on a récolté des céréales et que l'on destine à une récolte de printemps, il convient de se mettre en mesure d'y pratiquer un labour immédiatement après la moisson; et dès que les semailles d'automne sont terminées y ramener de nouveau la charrue. Pendant l'hiver vous préparez le fumier que vous avez à y mettre; après la fumure un troisième labour; avec de telles cultures, quoi que vous semiez, le succès n'est pas douteux. Enfin, mettez-vous bien dans l'idée que c'est la multiplicité des labours, et principalement des labours énergiques qui assurent le succès de vos récoltes.

Les semences tardives sont douteuses, prenez bien vos précautions pour les éviter; on a rarement lieu de se repentir d'avoir semé trop tôt.

Lorsqu'un laboureur vigoureux, avec un bon instrument et un fort attelage, a lutté péniblement contre un terrain durci et qu'il est parvenu à couvrir tout un champ de grosses mottes, il est fier et s'imagine qu'on le louera d'être parvenu à faire ce que bien d'autres n'auraient pas pu : il est vrai qu'il a donné une bonne façon; si vous lui observez le temps que cette culture a exigé, il vous répondra que cela ne pouvait pas se faire différemment. Mais s'il avait fait ce labour quand la terre était friable, facile à travailler, avec un attelage moindre et en moins de temps, il n'aurait pas éprouvé autant de peine et la culture vaudrait encore mieux ; car les labours qui divisent bien la terre, l'ameublissent et l'émiettent sont les meilleurs.

C'est une erreur de faire dépendre la valeur d'un labour du degré de peine que l'on s'est donné.

En terminant ce petit travail, je remercie les lecteurs qui ont bien voulu me suivre jusqu'au bout. Je voudrais bien ne rien avoir oublié, et n'avoir dit que des choses utiles. Je remercie d'avance ceux d'entre vous, mes chers collègues, qui auront la bonté de m'adresser des questions sur ce que j'ai pu omettre, ou qui me donneront des explications sur certains passages qui ne seraient pas assez clairement exprimés et qui laisseraient des doutes.

FIN.

NIMES. — IMP. ROGER ET LAPORTE, PLACE SAINT-PAUL, 5.

CHARRUE A QUATRE BÊTES

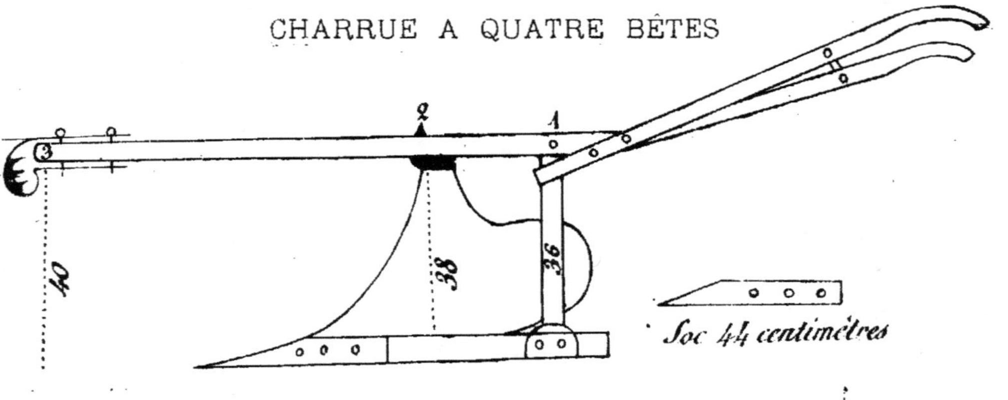

Longueur du cep et du soc attaché ensemble un mètre.

Du talon de l'âge au boulon, nº 1....................... 0 mètre 34 centimèt.

Du boulon nº 1 au boulon nº 2....................... 0 » 36 »

Du nº **2** à l'extrémité de l'âge 3....................... 1 » 00 »

1 mètre 70 centimèt.

Total de la longueur de l'âge : un mètre soixante-dix.

Si j'ai choisi pour modèle une charrue sans avant-train, c'est que les expériences m'ont démontré que c'est celle que doivent préférer les agriculteurs les plus capables; le jeu de haut en bas et de bas en haut, dont on peut user avec cet instrument, lui donne un grand avantage.

Tous les mouvements qu'imprime le laboureur aux mancherons soulagent les animaux, facilitent le glissement, dégorgent la charrue; en quelque endroit que vous arrêtiez l'attelage, elle n'est jamais attachée à la terre; tandis que celle sur avant-train, privée du jeu de haut en bas et de bas en haut, y est toujours enchassée; il faut un effort de collier pour la mettre de nouveau en fonction. Tous les efforts faits aux mancherons étant de peser dessus, augmentent la peine du tirage. J'ai la certitude que la charrue sur avant-train exige au moins un cinquième de force de plus de tirage.

Planche n° 2.

CHARRUE VIGNERONNE

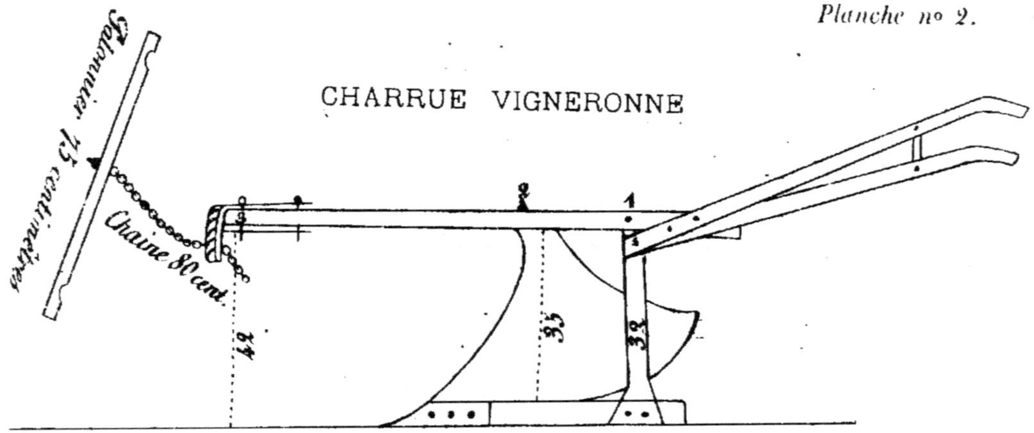
Palonnier 75 centimètres
Chaine 80 cent.
44
35
32
1
2

L'âge ou cambètte a de longueur : Du boulon n° 1 au talon ..	0	mètre	20	centimèt.
Du n° 1 au n° 2..........	0	»	18	»
Du n° 2 à l'extrémité 3....	1	»	00	»
Longueur totale de l'âge.............	1	mètre	38	centimèt.

La charrue a de hauteur, au montant de derrière, 32 centimètres, à l'avant-corps 35 ; de la ligne horizontale du sol à l'extrémité inférieure de l'âge 42 centimètres.

Pour reconnaître si elle est régulièrement conforme, il faut la placer sur une planche de niveau ; dans cette position, le talon du cep et l'extrémité du soc doivent porter sur la planche, en mettant un coin d'un centimètre d'épaisseur à l'angle de l'aileron ; la charrue doit se placer d'aplomb : il doit y avoir un vide, entre la ligne horizontale de la charrue et la planche, de deux centimètres environ. En appliquant une règle sur la paroi de la charrue, c'est à-dire contre le cep et le soc, la règle doit toucher sur les deux bouts et non dans le milieu : ce vide doit être d'un centimètre et demi environ. L'âge doit dégauchir sur la ligne de paroi qui est formée par le cep et le soc.

Plusieurs laboureurs se plaignent — ceux qui se plaignent seraient bien surpris s'ils pesaient un fourcas, car il est bien plus pesant que la charrue vigneronne — que ces charrues sont trop lourdes. Pour qu'elles soient solides dans la terre et glissent d'aplomb, il est urgent qu'elles aient un certain poids : un instrument léger chancelle, trébuche, s'enfonce trop ou pas assez, ne fonctionne pas horizontalement. Une charrue doit peser, le soc y compris, quatorze à quinze kilog. Généralement pour toutes les charrues on doit préférer celles en fonte, parce qu'une charrue moulée est plus solide et ne se déforme pas.

Pour atteler cette charrue, les traits doivent être juste à la longueur que le palonnier soit le plus raproché de l'animal sans le toucher ; on peut régler l'entrure par le nombre d'anneaux que l'on donne au tirage, et aussi en allongeant ou en raccourcissant le surdos. Pour ne rien perdre des avantages de cette charrue, elle doit être continuellement d'aplomb quand elle fonctionne, ce qui est très facile à obtenir par le jeu du régulateur.

MODÈLE D'UNE CHARRUE SUR AVANT-TRAIN

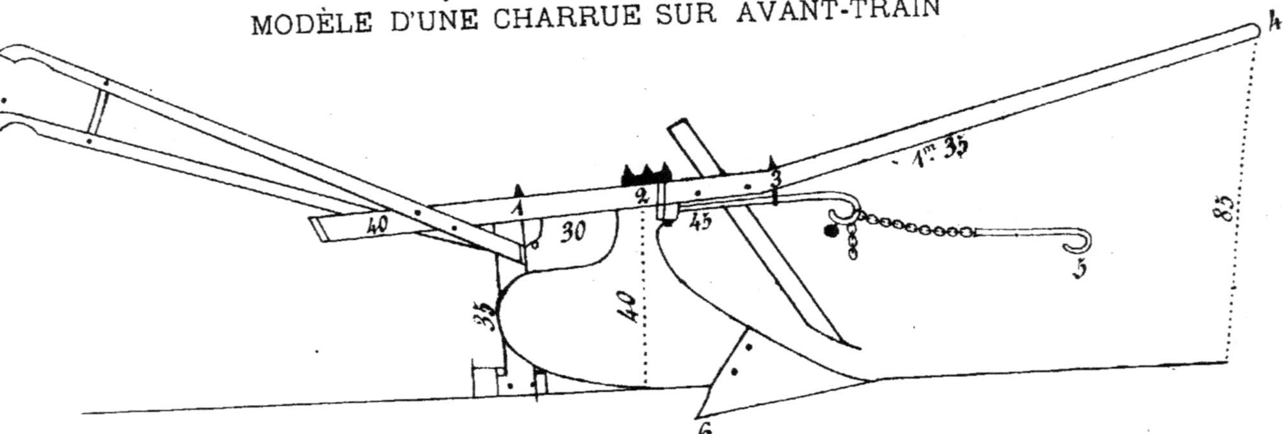

Du talon de la cambette au boulon nº 1...................... 0 mètre 40 centimèt.

Du boulon nº 1 au nº 2............................... 0 » 30 »

Du boulon nº 2 au nº 3, crochet du tirage.................. 0 » 45 . »

Du nº 3 à l'extrémité de la cambette 4.................... 1 » 35 »

Longueur totale.......... 2 mètres 50 centimèt.

Hauteur de l'avant-corps.............. 0.40 cent. | Longueur du cep et de l'avant-corps. 75 cent.

Id. du montant de derrière....... 0.35 » | Id. du soc.................. 25 à 30 cent.

La longueur du soc peut varier ; dans les terrains faciles il faut user de socs neufs un peu allongés ; lorsque les terres durcissent, employer le soc plus court et un peu moins de lame.

On doit fixer la pointe du coutre à la moitié de la profondeur que l'on veut labourer.

En plaçant un coin d'un centimètre d'épaisseur environ à l'extrémité de l'angle du soc (6) la charrue doit se mettre parfaitement d'aplomb.

Losque la charrue est d'aplomb, la cambette doit dégauchir sur le cep et l'avant-corps, le soc doit déborder sur la pelle, la pointe doit dépasser la perpendiculaire de la paroi de la cambette de trois à quatre centimètres.

La ligne horizontale d'une charrue quelconque doit toujours être concave ; pour celle-ci entre le dessous, et la ligne horizontale du sol, le vide doit être de trois centimètres ; la main à plat doit y passer.

La ligne de paroi formée par le cep, l'avant-corps et le soc, doit aussi être concave ; en y appliquant une règle, il doit se trouver un vide entre la règle et la paroi de la charrue de deux centimètres environ.

La pointe du soc doit se rencontrer à la perpendiculaire du coutre.

La chaine du tirage doit passer sous l'essieu, le crochet qui y forcera contre sera en fer plat de cinq centimètres de largeur et de trente de longueur, il ne doit point fléchir ; par ce moyen, on obtient un mouvement de bascule qui consolide la charrue ; comme aussi la ligne du tirage étant plus éloignée de la cambette la charrue est moins ébranlée.

A moins qu'une charrue ne soit déformée, il faut que la cambette soit dans la direction de la bande que l'on veut couper et perpendiculaire avec la chaine du tirage.

La charrue en fonte est préférable à la charrue en fer ; étant moulée elle ne se déforme pas. Il convient aussi qu'elle ait un certain poids ; elle est ainsi retenue plus solidement dans la terre, et en diminue les variations..

Je recommande principalement à ceux qui labourent, s'ils veulent éviter complétement les difficultés qu'ils ont rencontrées jusqu'à présent, de ne point oublier que la ligne de paroi d'une charrue doit rigoureusement être concave. Si je fais cette recommandation, c'est que j'ai presque toujours vu aux instruments qui viennent d'être réparés cette ligne convexe.

J'ai vu tant de négligence chez les ouvriers qui réparent les charrues, que je ne saurai trop répéter cette observation.

La fonte d'une charrue à quatre bêtes doit peser, y compris le soc, de 38 à 40 kilogrammes.